作者简介

赵 琪 女，出生于1977年6月，山东费县人，管理学博士，青岛酒店管理职业技术学院工商管理学院副院长，副教授，研究方向为海洋资源管理，工商企业管理；兼任全国商指委中小企业经营管理分委会副秘书长、山东省商指委连锁分委会主任、全国职业院校技能大赛市场营销赛项专家、山东省职业院校技能大赛电子商务赛项裁判、山东省高等学校创新导师。先后在核心刊物发表论文多篇，主持完成了《"互联网+"商贸流通专业人才数据分析能力提升的对策研究》等多项教学改革项目；主持完成了《海域空间层叠利用的用海兼容性研究》等省市级以上科研课题10余项；教学成果与科研成果先后获"全国商指委商业发展成果奖""青岛市社会科学优秀成果奖"等。主持申报并负责教育部高等职业教育创新发展行动计划项目、国家级众创空间"海斯曼'创客岛'"等创新项目。

山东省高等学校科学技术计划项目（J15LD52）

海域空间层叠利用的用海兼容性研究

赵 琪◎著

人民日报学术文库

人民日报出版社

图书在版编目（CIP）数据

海域空间层叠利用的用海兼容性研究／赵琪著．
—北京：人民日报出版社，2017.11
ISBN 978-7-5115-5113-9

Ⅰ.①海… Ⅱ.①赵… Ⅲ.①海洋—空间利用—
研究—中国 Ⅳ.①P756.8

中国版本图书馆 CIP 数据核字（2017）第 283039 号

书　　名：海域空间层叠利用的用海兼容性研究
作　　者：赵　琪

出 版 人：董　伟
责任编辑：周海燕
封面设计：中联学林

出版发行 人民日报出版社

社　　址：北京金台西路 2 号
邮政编码：100733
发行热线：（010）65369509　65369846　65363528　65369512
邮购热线：（010）65369530　65363527
编辑热线：（010）65369518
网　　址：www. peopledailypress. com
经　　销：新华书店
印　　刷：三河市华东印刷有限公司

开　　本：710mm×1000mm　1/16
字　　数：229 千字
印　　张：14.5
印　　次：2018 年 1 月第 1 版　　2018 年 1 月第 1 次印刷

书　　号：ISBN 978-7-5115-5113-9
定　　价：68.00 元

前　言

　　海域空间层叠利用兼容性评估理论，是存在用海项目兼容性的海域出让、转让确定价格的理论依据。建立海域空间层叠利用兼容性评估制度，实施海域全方位立体综合的有偿使用制度是国家海域资源管理的新的课题。国家在明确海域国家所有的前提下，通过有偿使用制度建立综合立体的自然资源价值补偿机制，既可以有效地实现国有海域资源性资产的保值和增值，也可以通过经济手段有效遏制因海域无偿、低价使用引发的开发利用的混乱状况，避免海域开发投资商盲目圈占海域，充分全面考虑海域作为重要生产要素的投入，实现国有海域资源的立体综合配置和最佳利用。本研究为海域空间层叠利用兼容性报告编写提供相关依据，为建立综合立体的海洋层叠利用海域评估方法提供依据，为沿海各省市制定层叠用海区域海域使用金征收标准提供科学依据，进一步完善我国的海域有偿使用制度，使我国海域有偿使用逐渐纳入法制化、科学化、全面化、立体化的轨道。

　　本书首先阐述了我国海洋功能区划与海域空间利用的现状，包括我国海洋资源的分布及其利用状况、海洋资源概况、海洋资源的开发利用现状及存在的问题；我国的海洋功能区划及其运行状况，包括海洋功能区划的历史沿革、海洋功能区划体系现状与特点、海洋空间规划的基本理论和原则；我国海域空间利用存在的主要问题及充分利用海域空间的重要意义等。

　　层叠用海兼容性评估是海域使用管理中的新课题。本书在确立海域主导功能的基础上，阐述了层叠用海兼容性评估的指导思想，构建了层叠用海兼容性评估的指标体系，选取了海域自然契合度、海域需求空间、海域使用情况、投资收益能力及海域资源环境承载力五个方面的指标,研究了层叠用海兼容性评估方法,建立层叠用海兼容性评估指标体系模型,选择层次分析法软件来计算各指标的权重并进行层次单排序和综合排序,以及阐述了层叠用海兼容性评估的量化处理方法。影响海域空间层叠利用海域价值的指标众多,为了分析不同指标影响程度的大小,采用层次分析方法和模糊数学的研究方法,使海域空间层叠用海兼容性评估的结果更加科学合理。

本书从层叠用海立体功能区的划分为目的出发,研究了基于主导功能的用海优序的确定方法,构建了基于叠置分析的海域空间层叠利用立体功能区划模型。研究利用 GIS 技术空间分析中的空间叠置分析方法,完成层叠用海兼容方案。本研究在做层叠用海兼容性的实证研究时选择青岛市胶州湾为实证对象,重点选港口用海、渔业用海、旅游用海、自然保护区用海等胶州湾重要的用海类型,对胶州湾用海项目的兼容性进行了实证分析,同时对照胶州湾区划及卫星遥感图像,对胶州湾目前层叠用海情况进行了综合分析,并提出了兼容用海的相关策略。

希望本书对科研机构和高等院校从事海洋资源管理的研究人员、相关政府部门、行业协会及高等院校的广大师生有所帮助。

赵琪

2017 年 9 月 30 日于山东青岛

目　录
CONTENTS

第一章

导　言

1.1　研究背景与意义

1.1.1　研究背景

随着《21世纪议程》的生效与《联合国海洋法公约》的实施,全球海洋面积的31%将划归沿海国家管辖,海洋在全球政治、经济、军事中的地位愈加重要。1998年国际海洋年之后,联合国机构已连续多次要求世界沿海国家,把合理开发利用海洋列为国家的战略任务和发展重点,强调要加强海洋综合管理,从而实现海洋的永续利用。[1]随着沿海国家海域的扩展,各国也越来越关注"海洋国土"或"蓝色国土",并将海洋国土归入到区划和规划的范围。国际上许多沿海国家在进行海洋区划和各种海洋发展规划的过程中积累了大量的经验与做法,为我国开展海洋区划与规划工作提供了理论参考。我国政府相关部门从20世纪80年代末期提出并组织开展了多次海洋功能区划工作,各沿海地区也开展了区域性海洋区划工作和各种海洋规划工作,在此过程中形成的海洋区划和规划的基本原则、基本理论和基本方法已经得到广泛的认可,并被许多沿海国家所借鉴。

海洋资源管理的重要内容之一是海域使用管理,海域使用管理是社会组织为维护海域的可持续发展和为实现对海域的合理规划利用,针对海域的使用活动制定相关政策,提供理论上的指导以及计划、组织、协调和控制的全面过程。[2]2002

年我国颁布实施了《中华人民共和国海域管理法》,该法很大程度上规范了海域使用范围,充分利用了海洋资源,发挥了海洋资源效益,保障了国家海域所有者和使用者的合法权益。《海域法》实施以来,很大程度上推进了海域有偿使用制度,使海域使用金的征收得到大幅度的增长,这对增加各级财政部门的财政收入以及提升海洋管理部门的管理能力发挥了重要的作用。但是目前我国海域使用金的征收标准一般以地方为主,该标准也反映不出当地的资源环境禀赋条件以及地区的经济发展水平差异。因此,建立全面合理的综合的海域使用评估理论体系与制度势在必行。[3]

为此,财政部和国家海洋局联合启动了海域使用金标准制定和资源价值评估,该项工作包括两个方面,其一为海域分等定级与海域使用金标准制定,目的是制定全国统一的海域使用金征收标准,采用经济手段,实现海洋可持续发展,调整产业结构与产业布局,其二是宗海评估,对于资源稀缺地区和需求强烈地区,对海洋资源环境伤害严重的用海类型,采用评估方法,确定海域使用征收底价,使海域使用市场得到促进和培育,使海域资源性资产得到保值与增值。2005 年国家海洋环境监测中心、国家海洋技术中心和南京师范大学等多家单位组织了 7 支调查队伍对沿海 11 个省(直辖市)、27 个地级市的 11 类用海进行了实地调查、调研与资料收集,并完成了对全国海域的综合分等和海域使用金标准计算。[4]2006 年,根据反馈意见对全国海域等别、海域使用金标准和海域使用金征收用海类型进行了修订,最后上报国家海洋局和财政部,新标准已于 2007 年 3 月颁布实施。

海洋众多的资源类型决定功能种类及功能主次的多宜性和重叠性,而同一海域通常形成资源利用与保护的依赖性、互补性、兼容性及排他性。正确处理这些关系,对于功能的取舍与排序是非常重要的。海洋及其所依托陆域往往具有开发利用和治理保护的广宜性,即同一区域内往往出现不同功能多层次的重叠问题。其中既有功能间互不干扰的功能区重叠(可兼容性或一致性),又有功能间明显矛盾或冲突的功能区重叠(排他性或不兼容性)。当各用海项目在开发利用时不互相干扰,还有利于发挥重叠区域的综合效益,那么此区域为多功能同时并存,做到对多种资源合理开发,相互兼容,各得其所。当功能区各功能间存在矛盾且不能兼容时,依据国家有关法律、法规和区划原则,把与之不能兼容的功能舍去。近年来,由于海域经济活动的日趋活跃,需求与供给矛盾突出,由于用海项目兼容性造成导致的海域资源价值低估,因此产生的资源环境问题日趋明显。为避免国有资源性资产流失,切实保护好海域环境与资源,实现海洋经济的可持续发展,科学、全面、立体的利用海域空间资源成为海域管理与研究的工作热点。[5]

1.1.2 研究意义与目的

沿海发达国家通过对海域实施有偿使用来实现对海域的管理。海域使用评估重点考虑的因素主要有:海域的区位、用海项目对资源环境的影响、沿海经济发展水平、海域开发手段、海域利用方式、海域预期收益等自然和经济的属性。在对以上因素进行评估的基础之上,按照海域质量进行功能等级的划分,对海域进行使用价格的评估。在海域评估的基础上进一步促进海域市场的发育,加快海域使用权的流转,如转让、出租、作价入股和抵押等需要与之适应的海域评估方法来确定合理的价格以适应市场经济条件下不动产流转和交易的需要。[6]

海域资源的丰富性、海域空间的立体性、海域功能的多宜性致使同一海域利用方式的多样化。有些利用组合之间相互没有影响,有些相互有害,也有些组合之间起到相互促进的作用。例如,渔业用海和旅游业用海的结合在通常情况下是相互促进的,但是港口开发项目和自然保护区的兼容就很困难。因此,良好的海域使用方式的兼容,会促进该海域项目的开发、此类地区的海域价格也会较高,沿海经济也会得到相应的发展。[7]因此,研究海域空间层叠利用兼容性评估理论,对存在用海项目兼容性的海域的出让、转让提供确定价格的依据。建立海域空间层叠利用兼容性评估制度,实施海域全方位立体综合的有偿使用制度是国家资源管理的新的课题。国家在明确海域国家所有的前提下,通过有偿使用制度建立自然资源更新的立体综合经济补偿机制,既可以有效地实现国有海域资源性资产的保值和增值,也可以通过经济手段有效遏制因海域无偿、低价使用引发的开发利用的混乱状况,避免海域开发投资商盲目圈占海域,充分全面考虑海域作为重要生产要素的投入,实现国有海域资源的立体综合配置和最佳利用。本研究为海域空间层叠利用兼容性报告编写提供相关依据,为建立综合立体的海洋层叠利用海域评估方法提供依据,为沿海各省市制定层叠用海区域海域使用金征收标准提供科学依据,进一步完善我国的海域有偿使用制度,使我国海域有偿使用逐渐纳入法制化、科学化、全面化、立体化的轨道。

1.2　国内外相关研究

1.2.1　海域区划方面

联合国教科文组织将海洋空间规划定义为"在空间和时间上分析和分配人类活动用海,实现既定的生态、经济和社会目标的公共过程"(UNESCO,2009)。[8]在欧盟各国中,海洋空间规划是一个包括资料收集,利益相关者协商参与规划制定,以及随后的贯彻、实施、评估和修订等阶段的过程。因此海洋空间规划被日益看成是实施有效海洋管理的重要手段之一,或者是一个各机构始终为之努力奋斗的新名称。例如,英国环境、食物和农村事务部(Department of Environment, Food and Rural Affairs)将海洋空间规划定义为"调节、管理和保护海洋环境以解决多种、累积和潜在的用海冲突的战略计划。"[9]

全面海洋区划是海洋空间规划整合各类用海活动的手段之一。虽然区划是海洋空间规划的重要组成部分之一,但两者存在区别。在伊勒(Ehler)和道威尔(Douvere)编辑的教科文组织海洋空间规划系列丛书中,克劳得等详细报道了关于海洋空间规划及海洋区划在其中的作用。然而正如他们对海洋空间规划和区划的全面综述,即"海洋变化的展望"中所指出的,许多海洋空间规划活动确实在小尺度上开展海洋区划而在大尺度上开展全面海洋区划。由伊勒(Ehler)和道威尔(Douvere)担任客座编辑的"2008年海洋政策问题专刊"进一步证实,许多地区希望通过全面海洋区划支持其管理工作。许多沿海国将海洋空间规划视为国家海洋政策的主要新锐手段,这是世界各国保证采取更具战略性和综合性的手段管理海洋的征象之一。[10]

联合国教科文组织的伊勒(Ehler)和道威尔(Douvere)已经为海洋空间规划制定了指导方针,其中阐明了全面海洋区划的方法,他们的指导方针涵盖了以下诸方面:建立主管机构,促进在整合各行业问题的基础上通过参与性方式开展海洋空间管理的各种途径;开展海洋空间管理的规划和分析,促进积极的以未来为导向的海洋和海岸带管理;以解决重要的生态和社会经济问题为目标,开展对海洋空间至关重要的研究、数据和信息的类型;成功实施海洋空间管理应具有的激励手段、制度安排和其他构想;促进利益相关者参与到海洋空间管理的预规划、规划、执行和评估各阶段的程序;促进海洋空间管理规划适应环境变化,其中包括气候变化,新的政策重点和经济变化等的方法。

国外在海域区划方面有非常多的实践,许多努力协调海洋空间和资源多种利用的国家正在试验性的开展大规模的区划。根据 2006 年联合国教育、科技和文化组织(UNESCO,以下简称联合国教科文组织)会议的报道,英国起草了授权开展海洋空间管理的法案;德国和比利时已经通过区划把土地利用规划延伸到了海洋领域;同时,《奥斯陆-巴黎公约》(OSPAR)的工作组正在起草在整个东北大西洋开展空间规划的指导方针;正在制定新的"海洋政策"的新西兰政府已经开始探索在专属经济区(EEZ)开展海洋区划的问题;越南和墨西哥根据通过的立法着手开展海洋区划;澳大利亚在大堡礁开展的区划奠定了其在该领域的开创者位置,从而推动了澳大利亚南部及澳洲其他海域的全面海洋区划;同样,加南大政府也在考虑把海洋区划作为《加拿大海洋法》的实施政策和长期规划项目;美国的海洋区划规划首先在州管辖的三海里范围内实施。为使美国在制定海洋区划等海洋政策方面与其他开展海洋区划的沿海国保持一致,加利福尼亚州立大学国家生态学分析和综合中心(NCEAS)的桑塔·芭芭拉(Santa Barbara)从 2005 年末起就对这一问题开展了研究。[11]

在区划理论研究方面,1996 年英国《Nature》杂志的一篇文章正式分析了一些已存在小规模海洋区划方案,相关研究还包括 Lundy 和 Skomer 的海洋区划方案。具体研究成果及实践情况如下表:

表 1-1 国外主要区划理论研究及实践成果

地区	分区方案
大堡礁海洋公园,澳大利亚(Day,2002)	1. 一般用途区 2. 栖息地保护区 3. 科学研究区 4. 公园保护区 5. 缓冲区 6. 国家公园区 7. 保存区
蒙特利湾国家海洋,美国(Brown,2001)	1. 国家海洋避难区 2. 绿色(玉石)收藏区 3. 疏浚物处理区 4. 领空限飞区 5. 私人机动船只区域 6. 军事区 7. 鲨鱼禁捕区 8. 船只通行区 9. 禁止开发区 10. 有限开发区 11. 娱乐区 12 野生动物增殖与保护区 13 水质保护区

地区	分区方案
Lundy 和 Skomer，英国（Nature，1994）	1. 一般用途区 2. 娱乐区保护区 3. 庇护区 4. 栖息地区 5. 考古区
The Severn 河口，英国（Gabbay 和 Laffoley，1996）	1. 一般用途区 2. 娱乐区 3. 港口区 4. 避难区 5. 避难所区 6. 考古区
弗兰伯勒头和法毛斯湾，英国（Gubbay，1996）	1. 所有活动必须遵守规则和实施编号区域 2. 娱乐区 3. 最小化港口活动障碍区域 4. 减少海底搅动的区域 5. 禁止大多数商业捕鱼区域 6. 禁止大多数活动区域

从总体发展上看，我国海洋功能区划的实践先于理论。到目前为止，关于海洋功能区划评价方面的理论成果比较有限。近年来国内的一些专家学者，尤其是政策的实施者在陆续总结海洋功能区划的实践经验，深化理论方向的研究。在理论体系方面的最新成果主要有，俞树彪（2009）系统阐述了海洋功能区划与各项海洋规划的理论与方法。[12]邵秘华（2012）评价了主要生态环境特征与社会经济功能，剖析了海洋主要生态环境问题及其产生原因，提出了生态环境保护对策和生态功能保护的主要措施；[13]王江涛（2012）形成由"自然属性确定的海洋功能区划＋社会属性确定的海岸保护利用规划"的海洋功能区划理论框架；[14]张广海（2013）构建了我国海洋旅游功能区划方案，并展开分类评价，系统研究了海洋旅游开发地域与功能区布局。[15]

在区划技术研究方法方面，陈明剑（2003）研究了海洋功能区划中的空间关系模型及其 GIS 实现（以莱州湾为例）；[16]朱庆林、郭佩芳（2005）以海洋功能为评价指标，建立了以海域属性、水文、气象、生物、经济、交通、资源、环境等为主要内容的海洋功能评价数学模型；[17]林宁等（2008）明确了海洋功能区划备案管理体系的构成，形成了备案后成果的汇总、管理和利用的管理体系。[18]刘洋（2009）以广西壮族自治区为例，研究了海洋功能区划实施评价的具体方法；[19]李晋，林宁（2009）归纳了海洋功能区空间关系及其主导功能的相互关系，构建了市级与省级的功能区划空间复合型分析的定量化评价模型；[20]王倩（2008）从海洋功能区划执行情况、海洋功能区划执行效果和海洋功能区划依赖条件变化三个方面构建了海洋功能区划评估指标体系；[21]林宁、王倩（2008）运用定量评估为主、定性分析为辅的方法,以深圳市海洋功能区划为例,在海洋功能区划评估的实践过程中应用了构建的区划评估指标体系,检验了指标体系的科学合理和可行性。[22]徐伟(2010)研究了项目用海域海洋功能区划符合性判断标准等。[23]此外,还有专家学者总结了海洋功能区划编制中GIS、遥感等辅助工具的应用。例如徐文斌(2009)研究了海洋国家功能区划数据库和信息系统的构建,[24]林宁等采用GIS图形软件包进行了开发试验,实现了海域使用过程中不同时间、不同空间层次数据的动态管理和时空分析;[25]马毅(2010)对高分辨遥感技术在海洋中的应用进行了研究,展示了高分辨率遥感技术具有大面积区域的准确定位、地物类型识别和动态监测的能力。[26]周隽(2016)提出基于海洋功能区比例结构、功能区效益、功能区效益增速指标的"区划-现状-趋势"评价体系,通过"海洋功能区划相似系数"与"海洋功能区划商"指标来反映现有功能区的比例结构。[27]

1.2.2 海域使用论证与评估方面

1. 海域使用论证

海域使用论证是一门综合性的技术工作,目前,在海域适用论证等级、论证海区调查范围、论证内容、论证程序、工程工艺分析、区划与规划分析、与相关海洋产业的界定、海域适用预测内容及方法,以及不同类别用海项目的论证要点掌握方面还存在诸多认识上的偏差。多年来,在国家海洋局的指导下,国家海域使用管理技术总站加强了这方面的技术研究,编制了《海域使用论证技术研究与实践》一书,使参与海域适用论证的研究人员更好地了解此项工作,促进了海域适用论证工作的健康发展。

《海域使用论证技术研究与实践》主要从以下几个方面阐述了海域适用论证的具体步骤,一是准备阶段,论证单位根据申请用海单位或个人委托内容,依据相关法律法规及标准规范对项目用海类型、工程性质、规模及环境条件进行初步研究,筛选论证工作重点,编制海域使用论证大纲,同时根据论证大纲,作好人员、设备、资料等各方面的准备工作。二是调查(调访)阶段,按照海域使用论证大纲所确定的任务,开展资源、环境、社会、经济现状调查(调访)与资料获取、样品分析、数据资料处理等工作。三是报告编制阶段,对外采集的自然环境资源信息和社会经济资料进行汇总、分析、判断,结合海洋功能区划要求,开展用海项目自然环境适宜性分析、利益相关者的影响分析、用海的综合效益分析、用海的合理性分析,综合判断项目用海的经济、社会、资源环境的效益水平,提出项目用海的可行性依据、意见以及相关的对策与建议。四是评审与修改阶段,完成论证报告编制后,应由海洋行政主管部门按《海域使用论证评审专家库管理办法》的要求和程序组织专家对论证报告进行评审,论证承担单位根据评审专家的意见补充、修改论证报告。[28]具体流程图如下所示:

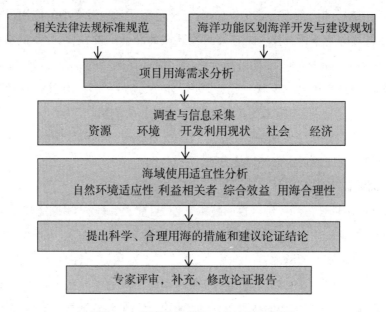

图1-1 海域使用论证工作流程示意图

2. 海域评估

近年来,我国海域有偿使用制度实施近年来取得了初步成效,多年积累的实践经验为海域有偿使用制度的研究奠定了基础。但是,目前国内对海域有偿使用的研究不够深入,研究仍处于起步阶段,随着海洋综合管理的需要,近几年的代表研究成果有:苗丰民(2004)的《海域使用管理技术概论》,苗丰民、杨新梅(2007)的《海域使用论证技术研究与实践》,系统地论述了海域使用论证的技术与方法。[29]其中于青松(2006)《海域评估理论研究》中,详细地阐述了海域评估的理论、海域等级划分、海域基准价评估和宗海评估理论,为海域评估的理论发展积累了宝贵的经验,为建立科学的海域评估理论奠定了基础。[30]苗丰民(2009)的《海域分等定级及价值评估的理论与方法》中,对海域综合分等和海域使用金标准制定工作的总结,也是国内该领域多年研究成果的高度概括,为今后海域质量、效益评定和价值评估提供了充实的理论基础和成熟的技术方法手段。[31]

由国家海洋局主持制定的《海域使用分类定级技术规程》、《海域使用估价技术规范》等规程提出了海域分类定级方法,并利用土地评估的收益还原法确定海域使用金。[32]规范指出海域使用等级划分主要有两种形式:一种是分等定级,即不考虑海域的使用历史,仅根据沿海市县经济发展状况、客观收益、生产潜力、所辖海域质量等相关指标对各单元进行排序,划分不同的等别。另外一种是分类定级,即按照影响海域环境、经济发展状况等因素的影响程度和海域收益水平,根据全国和沿海省、市、自治区海洋功能划分,针对各种海域使用类型所做的沿海市、县所辖海域质量、生产潜力及收益的级别排序;依据我国用海实际情况和《海洋功能区划技术导则》,[33]通过专家打分方式采用特尔菲法制定出不同用海类型的分级指标体系和各指标的权重。以上开辟了我国海域有偿使用的研究,并对我国海域有偿使用顺利的实施具有重大实践意义,为这一新领域的深入研究奠定了坚实的基础。但从总体上来看,我国海域有偿使用研究中还有许多新的理论和方法需要不断完善。

1.2.3 海域空间兼容性方面

国际上近年来对海域兼容性的研究逐渐重视,比较有代表性的是澳大利亚大堡礁公园与意大利阿西纳拉岛保护区;我国在构建具备主导功能和兼容功能的海洋功能区划方面拥有了一批研究成果。

1. 澳大利亚大堡礁公园

著名的澳大利亚大堡礁海洋公园(GBRMP)是现有大尺度海洋区划和海洋空间兼容性研究的最佳范例。大堡礁海洋的整个海域划分为以下八类:(1)一般利用区;(2)生境保护区;(3)自然保护公园;(3)缓冲区;(4)科学研究区;(6)国家公园;(7)保全区;(8)联邦直属岛屿(GBRMPA,2003)这些分区各自具有明确的目标,并在此基础上列出了基于正当权力的活动和分类分区里需要许可证的活动,包括渔业和其他自然资源的利用和潜水、摄影、运输和科学研究等非索取性的利用活动。[34]

表1-2　大堡礁海洋公园区划情况

分区	目标
一般利用区(浅蓝色) 相当于 IUCN 的Ⅵ类生境保护区	属于海洋公园的自然保护区域,但允许开展合理利用的海区
生境保护区(深蓝色) 相当于 IUCN 的Ⅵ类生境保护区	属于海洋国家公园的自然保护区域,在保护和管理敏感生境、使其免受潜在活动的破坏、保护海洋的前提下,作为合理利用的海区
缓冲区(黄褐色) 相当于 IUCN 的Ⅳ类生境保护区	在保护海洋公园区域的自然完整性和价值不降低、免于生产型活动交叉破坏的前提下可为下列活动提供机会的海区,包括:在相对未受干扰的海区开展某些活动,其中包括展示海洋公园价值活动和中上层鱼类的拖钓
实验区(橘黄色) 相当于 IUCN 的 IA 类生境保护区	在保护海洋公园区域的自然完整性和价值不降低、免于生产型活动交叉破坏的前提下可为相对未受干扰的海区开展科学研究的海域
国家公园(绿色) 相当于 IUCN 的Ⅱ类生境保护区	在保护海洋公园区域的自然完整性和价值不降低、免于生产型活动交叉破坏的前提下可作为合理利用海区,包括相对未受干扰展示海洋公园价值的海区
保护区(粉色) 相当于 IUCN 的 IA 类生境保护区	保护海洋公园区域的自然完整性和价值不降低的海区,通常该区域未受到人类活动的干扰,联邦直辖岛屿在保护低潮西安以上海洋区域自然完整性和价值,使分区在免受活动破坏的前提下,可开展与区域价值相符的设施建设和利用活动的海区。

　　大堡礁公园的最初目标是通过多用途区划顺应和保障海岸带和海洋旅游业的预期发展,同时避免与其他经济行业部门发生冲突。大堡礁海洋公园管理局认为,大堡礁任何形式的利用都不应该威胁其目前的生态特征和过程。并正式将其作为大堡礁海洋公园长期保护、生态可持续利用和教育娱乐用途开发的主要目标(GBRMPA,2009)。大堡礁海洋的整个海域划分为以下八类:(1)一般利用区;(2)生境保护区;(3)自然保护公园;(3)缓冲区;(4)科学研究区;(6)国家公园;(7)保全区;(8)联邦直属岛屿(GBRMPA,2003)这些分区各自具有明确的目标,并在此基础上列出了基于正当权力的活动和分类分区里需要许可证的活动,包括渔业和其他自然资源的利用和潜水、摄影、运输和科学研究等非索取性的利用活

动。下表列出了基于正当权利的活动和各类分区里需要许可证的包括渔业和其他自然资源的利用和潜水、摄影、运输和科学研究等非索求的利用活动。

表 1-3 大堡礁公园海洋区划与用海形式

许可的活动	一般利用区	生境保护区	保护区公园	缓冲区	科学研究区	国家公园	保全区
水产业	P	P	P	X	X	X	X
投饵网捕	Y	Y	Y	X	X	X	X
划船、潜水、摄影	Y	Y	Y	Y	Y	Y	X
捕蟹	Y	Y	Y	Y	Y	Y	X
水族箱鱼类、珊瑚和海滩蠕虫采捕	P	P	P	X	X	X	X
海参、海螺、龙虾采捕	P	P	X	X	X	X	X
限制性采集	Y	Y	Y	X	X	X	X
限制性叉鱼	Y	Y	Y	X	X	X	X
钓鱼	Y	Y	Y	X	X	X	X
网捕	Y	Y	X	X	X	X	X
研究	P	P	P	P	P	P	P
航运	Y	P	P	P	P	P	X
旅游	P	P	P	P	P	P	X
传统利用	Y	Y	Y	Y	Y	Y	X
拖网作业	Y	X	X	X	X	X	X
拖钓	Y	Y	Y	X	X	X	X

其中,P 表示需要许可的活动;Y 表示无需许可证即可进行的活动;X 表示禁止进行的活动。

2. 意大利阿西纳拉岛保护区

Villa 等(2001)应用多重标准空间分析法评估了意大利阿西纳岛保护区的不同区域和四个区划保护等级。协调图用于说明、记录和证明海洋保护区划方案。各个保护等级的协调图都可以说明实际区划的进展,具体描述如下:[35]

(1)海洋环境自然价值图(NVM),该图汇总了与多样底栖和水生群落及其大小分布相关的,与当地种和稀有物的分布与否相关的以及在维护生态系统功能中起到关键作用的生境保护区现状(如繁殖区)相关的自然价值。该图通过 GIS 和重新分类的生物群落图获得,描述了最重要的生物群落和关键物种。

(2)海岸环境的自然价值图(NVC)。该图汇总了海岸带重要当地种动植物分布特征相关的,适合于关键种等返回或引入的生境和可以支持陆地筑巢关键种。

(3)区域的娱乐活动价值图(RAV)。该图通过将相对重要的价值归于各相关变量值,并运用多重标准空间分析表征其价值,并与区域特征的适宜性相一致。通过给出的娱乐和文化活动示例,适宜性也概括了加权系统,最终的价值图是在区域可达性加权后多种标准空间分析的结果得出的。

(4)区域的资源商业开发价值图(CRV)。该图仅考虑了允许的渔业活动、与传统和手工捕捞相关的活动,加上确定的传统捕捞地点和适宜性。

(5)区域的可达性图(EVC)。该图不仅用于显示可以和鼓励进入区域的有益价值,还作为收到严格保护区域的"成本"因素和潜在干扰的指标。该图由附加和距离缓冲图构成,用以确定进入海洋的路线和现有的海港。

目标中这些价值(如保护和保存文化或娱乐地点)或相互重叠,或相互排斥(如商业开发和濒危物种保护)。图 1-2 说明了这些价值图和各类目标以及海洋环境和未来的利用等数据或信息建立联系的方法。

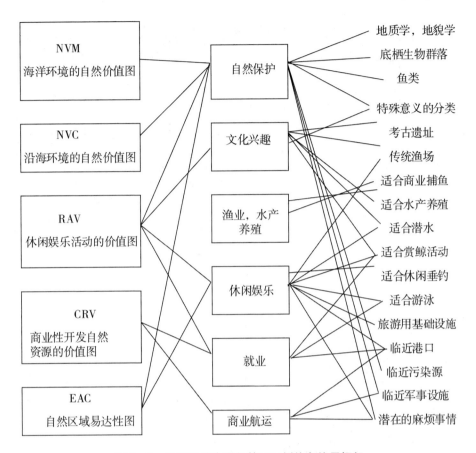

图 1 - 2　阿西纳拉海洋保护区区划信息使用框架

协调图用于说明、记录和证明海洋保护区划方案。各个保护等级的协调图都可以说明实际区划的进展，目标中的这些价值或相互重叠（如保护和保存文化或娱乐地点），或相互排斥（如商业开发和濒危物种保护），如下的最终协调图为制定各种区划提供了必要的基础，并为意大利海洋保护的海洋区划标准系统中四个海域的划分提供了一系列的区域选择：受严格保护的 A 海域，将划分进入区和禁止区；正常使用的 B 海域和海洋保护区内的周边海域（C 海域）。由计算机控制的地理信息系统可以让规划者为达到既定目标而选择优化配置。

表 1 - 4　阿西纳岛保护区区域保护等级

种类	活动	A1	A2	B	C
科研	非损害监测	A	A	G	G
	航海	P	R	G	G
	摩托船	P	P	R	R
	游泳	P	P	G	G
固定点	抛锚点	P	P	R	R
	停泊点	P	R	A	G
娱乐	潜水	P	R	A	G
	旅游	P	R	A	G
	娱乐捕捞	P	P	R	G
开发	手工捕捞	P	P	R	R
	游钓	P	P	P	R
	水下捕捞	P	P	P	P
	商业捕捞	P	P	P	P

A1 代表严格保护区,即禁止区;A2 为可进入区域,但不可携带物品;B 区为常规互动的缓冲区;C 区为普通区,除 A 区和 B 区以外的所有区域。对于各项活动和保护级别,字母 P 代表禁止区,R 代表特定限制区,A 代表需要经过授权批准可进入区域,G 代表普通活动区。

3. 国内兼容用海的研究成果

我国早在 20 世纪 90 年代就提出了兼容用海的思想,并在此思想的理论基础上构建了具备主导功能和兼容功能的海洋功能区划。[36] 目前这种区划思想在有的省级海洋功能区划中均有体现,例如河北省的海洋功能区划就采用了主导功能与兼容功能的思想。但是在目前的区划中,大多数的省份是在实际工作中,在确定主导功能之后,有条件的选择相关的兼容功能,因此在这些省份的实践工作中,重点要处理的关系是在保证主要功能用海需求的同时,处理好非主要功能用海的关系及其优序情况。

《省级海洋功能区划修编技术要求(国海管字[2010]83 号)》在海洋功能空间兼容性研究方面支出,在考虑相邻功能区协调性的基础上,可以在基本功能未利用的时候适宜的开展可兼容的用海项目。但是开展兼容用海项目有如下前提:一是开发利用活动不能对海域的基本功能造成不可逆转的改变,二是开发活动必须符合所在功能区的相关用途管制要求;三是开发活动必须符合所在功能区对用海方式的控制以及环境整治的要求。按照以上要求,可以在未开发利用海域的基本功能之前,同时在保证不对所在海域的基本功能造成损害的前提下,在一定程度上进行其他类型的兼容的开发项目。但是兼容开发项目的开展,必须具有相关的环境保护措施,能切实的保证功能区的生态环境和生态重点保护对象不受到开发活动的损害。[37]

国家海洋局海域管理司组织编写的《海域使用论证培训教程》在"项目用海与海洋功能区的一致性和兼容性分析"一节中指出:"报告书应分析和评价项目用海与所在海域各级海洋功能区划的符合程度,及其对所在海域海洋功能区划的排他性和适宜性",对如何分析兼容性也没有给出详细的技术依据。该书"项目用海的论证结论与建议"一章中,虽列举了养殖区和捕捞区、港口航运区、旅游区三种主要海洋功能区的排他和兼容的功能,但并论证的不是很全面。苗丰民编著的《海域使用管理技术概论》一书列举增养殖和捕捞区、港口航运区、海洋保护区和旅游区等四种海洋功能区排他和兼容的海域使用类型,列举的更加全面,可操作性更强。但两书都没有列举全部功能区排他和兼容的海域使用类型,这也从侧面反映出海洋功能区划兼容性判定的复杂性。[38]

1.3 研究思路与内容

1.3.1 研究思路

本书的研究核心内容是层叠用海的兼容性评估和海域空间立体功能区划。海域使用类型的划分是进行海域定级评估与兼容性评估的前提和基础。在使用类型划分的基础之上,首先要依据我国海域海籍调查及海洋功能区划,掌握目前用海项目兼容情况。本研究核心部分海域空间层叠利用兼容性分析,探讨海域空间层叠利用兼容性评价指标体系构建。

在掌握层叠用海兼容情况之后,利用层次分析方法,确定海域空间层叠利用兼容性评价指标体系。在不同的空间尺度下,海域立体综合利用的目标不尽相同,评价海域空间层叠利用兼容性的方法和指标体系也不完全相同。对于以整个定级单元为空间尺度的宏观评价,主要强调海域综合效益及用海功能、结构的合理性;而在中观、微观尺度下的海域空间层叠利用兼容性评价,则侧重于海域投入产出的效果。宏观尺度下的海域空间层叠利用兼容性评价指标,主要包括:海域空间布局合理性、海域使用效率、海域利用强度、海域投入强度以及海域可持续利用度等。中观尺度下的海域空间层叠利用兼容性评价指标,以海域功能区为评价对象,尤其侧重于可兼容的用海项目,评价不同功能区海域的使用潜力与效率。中观评价应侧重于反映海域利用强度方面的因素与指标,且这些因素与指标对于具体区域具有针对性,而对于不同的用海方式,参评指标应分不同的用海项目分别选取。海域空间层叠利用兼容性评价,同时以海域单元为评价对象,主要评价海域单元的利用效率与开发潜力。评价指标的选取是本书研究的关键。对海域单元进行层叠用海兼容性评估之后,在用海项目可兼容的基础上论证海域空间层叠利用立体功能区划及实施层叠用海兼容性方案。

1.3.2　主要研究内容

1. 本书首先阐述了我国海洋功能区划与海域空间利用的现状,具体包括我国海洋资源的分布及其利用状况、海洋资源概况、海洋资源的开发利用现状及存在的问题等;阐述了我国的海洋功能区划及其运行状况:包括海洋功能区划的历史沿革、海洋功能区划体系现状与特点、海洋空间规划的基本理论和原则等,指出了我国海域空间利用存在的主要问题及充分利用海域空间的重要意义。

2. 在阐述海域空间功能定位与利用形式、海域空间资源的立体分布特征、不同深度海域空间的功能定位、海域空间利用的主要形式与特点、海域空间分层和重叠利用的形式的基础上,论证了海域空间层叠利用的机理,具体包括海域空间层叠利用的内涵与特征、层叠利用的必要条件、层叠利用的影响因素、层叠利用的机理模型等。确定了海域空间的主导功能及其用海范围,在海域空间的立体功能价值及海域空间主导功能的内涵的基础上提出了海域空间主导功能的确定方法,在确定主导功能的基础上通过综合分析集成确定立体用海范围。

3. 层叠用海兼容性评估是本书的核心内容。阐述了层叠用海兼容性评估的指导思想,构建了层叠用海兼容性评估的指标体系,选取了海域自然契合度、海域需求空间、海域使用情况、投资收益能力及海域资源环境承载力五个方面的指标,研究了层叠用海兼容性评估方法,引用层次分析法进行评价指标的筛选,建立层叠用海兼容性评估指标体系模型,选择层次分析法软件来计算各指标的权重并进行层次单排序和综合排序,以及研究了层叠用海兼容性评估的量化处理方法。本研究指出建立健全的层叠用海兼容性评估制度,有利于海洋功能区划的合理修改及修编,有利于海洋经济的可持续发展。从海域空间层叠利用立体功能区划的划分依据出发,阐述了基于主导功能的用海优序的确定方法,构建了基于叠置分析的海域空间层叠利用立体功能区划模型。确立海域空间层叠利用兼容性评估的主要指标权重,并选择青岛市胶州湾主要用海项目为实例,在理论分析的同时进行实证研究。针对海洋空间层叠利用兼容方案实施的要求,以胶州湾兼容用海项目为例,对层叠用海情况进行了实证研究,利用 GIS 技术空间分析中的空间叠置分析方法,完成层叠用海兼容方案。应用遥感卫星图像,将胶州湾海域开发利用情况与区划情况进行比较,得出结论青岛胶州湾地区存在兼容用海的项目需求,并给出了青岛胶州湾项目用海的兼容策略。

1.4　研究方法与路线

1.4.1　研究方法

本研究所使用的研究方法主要采用以下五种:

1. 指标法。指标法是层叠用海兼容性评估的主要方法,即综合考虑海洋不同区域的自然属性、社会属性和环境保护要求,根据层叠用海区域分类体系和指标体系,划出各类具体的层叠用海区域。[39]指标法是指在进行层叠用海区域兼容性评估时,依据层叠用海区域和类型划分指标,确认海洋不同区域对于各层叠用海区域类型的适宜性,进而论证层叠用海区域兼容性的一种方法。层叠用海兼容性评估指标是划定层叠用海区域类型的基础,是基于定性、定量、定性和定量相结合的指标。

2. 对比法。即将所收集到的各类资料编绘成图件,并与已收集到的各种图件进行叠加,依据功能区划的原则进行比较分析,保留合理的功能,舍去不合理的功能,比较确定主导功能。对比法是一种起辅助分析作用的方法,具体做法是搜集沿最新大比例尺的地形图、海图、遥感影像、海域行政界线图等信息,对海图或地形图进行修编,编制出基础地图。应用能反映出近期实际情况的层叠用海区划工作的地图,对各类海域图件进行叠加。对比分析海域使用现状图、近海海岸环境功能规划图、城市总体规划布局图、海域使用规划图的功能,研究区域的共性与异性,对比分析使用海域与毗邻海域功能区的特征,对比分析区域经济、社会、环境的现状及发展趋势,研究兼容用海的合理性和可行性,研究兼容用海的最佳配置与预留方案。

3. GIS 叠置分析法。在人们使用的各类信息中,四分之三以上的信息有与位置属性和空间的定位管理,因此地理信息系统目前扮演着越来越重要的角色。近年来,在海洋资源管理、海洋区划与管理、海洋测绘与制图中,ARCGIS 也得到了充分的应用。[40] ARCGIS 在海洋资源管理中的应用主要有以下四个功能,一是海洋数据的采集与编辑功能,具体包括图形图像数据的编辑、属性数据的采集与编辑的功能;二是数据的存储与分析功能,具体包括海洋数据库的相关应用;三是制图功能,用户可获得矢量地图或栅格地图,ARCGIS 不仅可以为用户输出全要素地图,还可以按照目标用户的不同要求输出各种专题地区,例如海洋利用图、海洋区划图等;四是空间查询与空间分析功能,包括缓冲区分析、空间查询、空间集合分析、叠置分析等功能。高空间分辨率图像数据和地理信息系统紧密结合,在未来的海域区划、海籍管理、海域评估等方面将有着广阔的市场与前景。

4. 综合分析法。综合法是根据社会属性来协调某海域所具有的各种功能之间的关系,以便最终确定主导功能的一种方法,是一种定性为主的辅助分析方法。该方法的应用是结合海洋开发与保护的实际情况,按照区划原则,综合考虑海洋自然属性、海洋社会属性和海洋环境保护的具体要求,对各种用海关系进行协调,从而确定层叠用海区域类型和功能的主次。如果对比总体趋势一致,即可确定海洋功能分区的初始方案。如果发生矛盾,则进行综合评价,广泛征求意见,协调好各种关系,进行优化处理,遵循层叠用海区划各项原则和各种关系的技术处理进行编制。科学确定海洋经济社会的持续、稳定、协调发展。层叠用海区域类型划分指标是划定各种层叠用海区域时,还应用比较法、综合法和叠加法,协调好各种有关关系,进行优化处理。因此,运用协调法进行层叠用海区域划时,要通过比较不同海洋区域固有的属性的差异性,综合考虑其自然属性和社会属性,近期和远期效益,不同地区间和不同行业间的利用等。通过把区位、自然资源、自然环境、社会条件和社会要求等因素叠加在一起,进行比较研究和系统分析,划出各类具体的层叠用海区域。

1.4.2 研究技术路线

研究技术路线为:从我国海洋功能区划与海域空间利用的现状、海域空间功能定位与利用形式、海域空间资源的立体分布特征等基础上,论证海域空间层叠利用的机理,确定了海域空间的主导功能及其用海范围,在确定主导功能的基础上通过综合分析集成确定立体用海范围。之后阐述了核心内容层叠用海兼容性评估;从海域空间层叠利用立体功能区划的划分依据出发,阐述了基于主导功能的用海优序的确定方法,构建了基于叠置分析的海域空间层叠利用立体功能区划模型。确立海域空间层叠利用兼容性评估的主要指标权重,并选择青岛市胶州湾主要用海项目进行实证研究,具体技术路线(研究步骤)如图1-3所示。

1. 研究技术路线

具体的技术路线为:

(1)按照海洋功能区划的指标法,初步划定海域的主要功能类型。利用综合分析法通过对功能的比较分析,确定多功能区的主导功能。利用图层将主导功能与开发现状和规划作比较,如果一致则确定为此功能区。如果不一致但可兼容,就可以保留该项用海功能并引导其开发活动向主导功能发展。

(2)将收集到的自然资源、自然环境状况、开发现状和海域区划等资料或图层进行叠加或对比分析,同时选择重点的用海项目进行实地调研,对比海洋功能区划分类体系和类型的划分指标,确定海洋立体功能区划模型。综合考虑海洋不同区域的自然属性和社会属性的同时,通过调研和比较分析资源、经济、社会、生态效益,开发利用与治理保护之间的关系,不同地区和不同行业间的利益,近期和长远效益等,保留合理部门,舍去不合理的部分,确定主导功能,划出具体的层叠用海兼容区域。

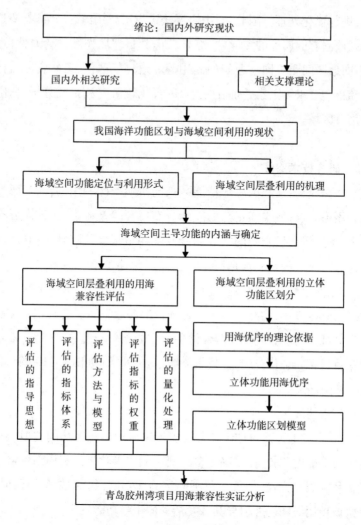

图1-3　研究技术路线

（3）进行海洋开发保护现状与面临形势的分析,包括海洋自然资源和自然环境的评价,海洋环境质量与保护状况的评价,海洋开发利用现状的评价,国民经济和社会发展需求的预测等。在资料分析和调查的基础上,综合考虑地理单元的相对完整性和生态系统的相对独立性,并根据层叠用海兼容性的原则、评估体系、评估指标,分析兼容区域的战略地位、性质、规模、社会总体布局和发展方向,然后按照指标法和对比法论证兼容用海区域,然后将具有相似一致性和发生统一性等特征的区域单元合并,选择最适合、最有效率、最具优势的开发利用方法和内容的功能单元组合,拟定层叠兼容用海区划方案运用地理信息系统(GIS)技术建立规划区域各种海域使用活动、区域海域使用规划分布图等,然后将各种信息分布图,对比遥感卫星图像,运用综合分析法最终确定层叠用海兼容方案。

2. 实施方案及可行性分析

具体研究方案见图1-4。

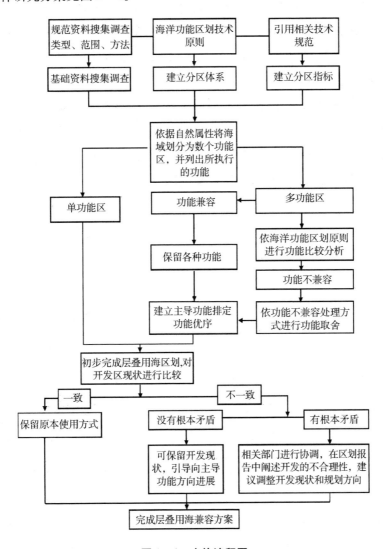

图1-4 实施流程图

1.5　研究的主要创新

1. 建立了层叠用海兼容性评估指标体系。层叠用海兼容性评估是海域使用管理中的新课题。本书构建了层叠用海兼容性评估的指标体系,选取了海域自然契合度、海域需求空间、海域使用情况、投资收益能力及海域资源环境承载力五个方面的指标,建立层叠用海兼容性评估指标体系模型,并在兼容性评估的基础上确定了海域空间的主导功能。

2. 构建了基于叠置分析的海域空间层叠利用立体功能区划模型。本研究从层叠用海立体功能区划的划分为目的出发,阐述了基于主导功能的用海优序的确定方法,尝试利用 GIS 技术空间分析中的空间叠置分析方法,构建了基于叠置分析的海域空间层叠利用立体功能区划模型,完成海域单元层叠用海兼容方案。

第二章

相关支撑理论

2.1　自然资源价值论

自然资源的价值在历史上存在两种观点,一种价值观念认为自然资源有价值,而另一种价值观念则认为自然资源没有价值。

2.1.1　自然资源的价值构成

自然资源具有垄断型、有限性和不可缺性。自然资源的特殊性决定了自然资源价值构成的特殊性,其组成应当包含使用价值和补偿价值两部分。[41]恩格斯在1844年提出,价值是生产费用对效用的关系,这表明自然资源价值,在看其效用的同时也要看人类对自然资源的折损费用。效用体现为使用价值,而折损费用体现为补偿价值。补偿价值是自然资源价值存在的基础,自然资源与人类表现为客体和主体之间的关系,主体对客体有作用和影响的同时,客体也反作用于主体。

2.1.2　补偿价值与使用价值

自然资源的补偿价值指人类对自然资源功能、质量折损产生的价值补偿,而使用价值是表现自然资源可满足人类需要的有用性的价值特征。人与自然资源关系中的两个因素分别为使用价值和补偿价值,一直在人与自然的关系中并存,补偿价值的基础和前提是自然资源的使用价值,如果自然资源没有使用价值,也就不需要对其进行补偿,补偿价值也就不存在了。在自然资源的开发利用过程中,对于自然资源、环境产生严重损害和破坏的,必须给予足量的价值补偿。

2.1.3　海域资源的价值

目前全社会已经认同海域资源也是具有价值的,同土地、矿产等资源一样,是一种特殊的、完全为国家所有的自然资源。海域资源价值的提出,包含四方面的内容,一是即使没有经过开发、利用、加工等劳动活动的自然资源也是有价值的,可以货币形式对其本身具有的经济价值进行表征;二是海域与土地一样,是土地向海的延伸,是可度量并使不可再生的,也是客观存在的一种自然资源;三是海域资源是有价的,其价值是客观存在的,并可以经过人们的物化劳动以货币进行表征;四是海域资源价值由两部分组成,一部分是由于海域的存在所带来的海域自然资源属性,例如气候调节、旅游观光、海洋纳污等,另一部分是由于海域开发活动所产生的海域纯收益。

2.2　区位理论

区位是指人类行为活动的空间。区位的概念除了可以理解为地球上某一事物存在的空间几何位置,另外还强调存在于自然界的各类地理要素与人类经济活动之间的相互作用在空间几何位置上的反映。因此区位是自然地理区位、经济地理区位和交通地理区位三者在空间地域上有机结合的体现。

2.2.1　区位理论的内涵

区位理论作为一种学说,产生于19世纪20－30年代,它是在古典政治经济学的比较成本学说、地租学说等基础上,并吸收其他学科的理论成果发展起来的。1826年的农业经济和农业地理学家约翰·杜能发表的著作《孤立国同农业和国民经济的关系》是这一学说创立的标志。从杜能的农业区位理论,到韦伯(A·Weber,1909)的代表理论工业区位论、克里斯塔勒(Christaller,1933)的代表理论中心地理论以及廖什(Losch,1940)的代表理论市场区位论,这一系列理论被统称为古典区位理论。杜能的农业区位论最重要的内容是农业生产用地到农产品消费地(市场)的距离,即著名的杜能农业圈,仍是现今农业区域理论的基础。韦伯的工业区位论以经济活动的生产、流通与消费的三大基本环节中的工业生产活动为研究对象,认为企业寻找理想区位主要是考虑由运输、劳动力和聚集等因素所决定的最低成本,并试图通过探索工业区位原理来解释近代工业迅速发展时期人口的地域间大规模移动以及城市的人口与产业集聚的原因。克里斯塔勒在考察城镇空间分布和结构内在规律的过程的基础之上,在区位选择的考虑范围之内加入了市场因素。克里斯塔勒的中心地理论为商业地理学和城市地理学奠定了理论基础,成为区域经济学研究的理论基础之一。

廖什结合了生产区位和市场区位来分析区位问题,从利润最大化原则出发,将消费者的需求与最大化原则予以结合。古典区位理论的代表理论是农业区位论和工业区位,该理论以供给不受市场需求约束的完全竞争市场结构为基础,利用静态的局部均衡分析方法,对单个企业成本最小化的最优区位决策进行研究。[42] 以供给受到市场约束的不完全竞争市场结构为条件的中心地理论和市场区位理论,利用一般均衡分析方法来分析区位问题,通过扩大和优化区域市场来实现利润最大化目标。总体来说,古典区位理论是一种在微观层次上揭示市场经济中资源空间配置规律的理论,运用抽象的演绎研究方法,并采用了理性人的假设,对一般经济学所忽视的经济活动的空间问题机型研究,对市场经济条件下的资源空间配置原理进行探究。对区位的分析也主要是一种局部和静态的分析,并没有从动态角度去研究各个企业和部门的行为。各种古典区位理论对企业最优区位的分析,普遍重视的是运输成本、劳动力成本、原材料价格、市场需求的功能等经济因素的作用,例如各种古典区位理论共同重视的一个因素便是运输成本。

2.2.2 区位理论的发展

20世纪五六十年代以来,艾萨德(Walter Isard)的《区位与空间经济》(1956)和贝克曼(Beckman)编辑的《区位理论》(1968)成为新古典区位理论形成的标志。新古典区位理论在研究对象和研究方法上和古典区位理论都存在较大的差异。新古典区位理论主要研究微观区域研究和宏观区域决策两个方向。在微观方面,着重研究了企业区位决策时如何做出的问题。利润最大或成本最低不再是区位决策唯一动机和目标,而是重点考虑了信息成本、不确定性、制度、政策、各种非货币收益和效用最大化。在宏观方面,古典区位理论根据区域经济社会发展的要求,以单个企业最优区位选择为研究对象的传统得到了突破,逐渐发展为对区域总体经济结构及其模型研究,在 20 世纪 50－70 年代,以研究区域综合开发和组织为主要研究对象的区域科学最终得以成型。在新古典区位理论的分析中,其假定条件是要规模报酬不变和完全竞争。然而由于生产要素、商品和劳务不完全流动性的存在以及经济活动不完全可分性,使产生于完全竞争假设下和规模经济的诸多矛盾无法解决。因此在相对长的时期内,规模报酬递增都被当作是外生变量。从 20 世纪 90 年代开始,在迪克斯特与斯蒂格利茨建立的垄断竞争模型基础之上,以克鲁德曼(Krugman)、藤田为代表的新经济地理学派经济学家借助萨缪尔森的"冰山"原理以及后来的博弈论和计算机技术等分析工具,把区位因素纳入西方主流经济学的分析框架,使区位理论获得新发展。新地理经济学派的研究主要有两个方向:一是新理论继续对区位论的传统问题进行研究;二是从单个经济个体区位选择研究发展到区域区位综合优势利用及区域经济增加发展问题研究。[43]

2.2.3　区位理论与海洋规划的衔接

在运用区位理论进行海洋规划时,必须针对海域的最佳使用类型,分析反映海域质量和生产潜力的各种自然、社会、经济因素。主要包括区域经济发展水平、毗邻土地属性、海洋经济发展程度、区位条件、资源稀缺性和海洋环境质量等几个方面。[44]

2.3　可持续发展理论

2.3.1　可持续发展理论的由来

可持续发展理论的提出源于人们对环境问题的逐步认识。1960 年 Forester 等在《科学》杂志上发表了《世界末日:公元 2026 年 11 月 23 日,星期五》的论文,

1972 年,以 D. L. 米都斯为首的美国、德国、挪威等西方科学家组成的罗马俱乐部在《增长的极限》中指出,如果按照目前的人口增长和资本的快速增长模式,世界就会面临一场"灾难性的崩溃",因此,提出了"零增长"的概念,而 1972 年在斯德哥尔摩召开的人类环境大会上经济与环境必须协调发展,被认为是可持续发展产生的第一个里程碑。第二个里程碑是 1980 年,国际自然与自然资源保护同盟(IUCN)和世界野生生物基金会(WWF)发表《世界自然资源保护大纲》,呼吁"确定自然的、社会的、生态的、经济的以及利用自然资源过程中的基本关系,确保全球可持续发展",[45]从而在国际文件中正式提出了可持续发展的命题。1992 年,联合国在巴西召开的"环境与发展"大会通过的《21 世纪议程》、《里约热内卢宣言》及《生物多样性公约》等纲领性文件,高度凝聚了当代人对可持续发展理论的认识,是可持续发展理论的第四个里程碑,促使全社会形成了对可持续发展的共识。[46]

2.3.2　可持续发展的因素分析

可持续发展是一个涉及人口、资源、环境、技术、制度的因素,而且各因素之间相互影响的动态过程。

1. 影响可持续发展的人口因素分析

人口的过快增长会造成经济的不可持续发展。针对可持续发展过程中的人口问题,研究者提出了实现人力资源的可持续利用的现实选择,集中表现为实现人力资源的充分就业问题和提高人力资源的素质问题,从而在人口的数量、质量和环境承载能力之间实现协调发展。

2. 自然资源的可持续利用分析

自然资源的可持续发展需要深入研究资源的利用方式,要从扩大资源来源上想办法。因为自然资源的枯竭固然有资源存量有限的原因,但更为现实的问题却是资源的利用方式的差异,通过调整和优化自然资源是实现可持续发展的重要途径。这就要求在经济发展过程中遵循以下几个原则:一是不超过生态供给阈值利用原则。生态供给阈值是维护生态功能持续性的最低存量水平,它可以通过技术进步和投资增加而扩大,因此要增进技术的开发和使自然资本的出售收入用于改善环境和教育;二是科学开发、合理利用和节约的原则,为此要改变目前的生产方式和消费方式,高效利用资源;三是开发产品原则,即使自然资源的总存量基本保持不变,以保证下一代自然资源的经济水平不至于降低。

3. 环境的可持续发展

可持续发展思想和理论中阐述,环境问题是和人类经济社会的发展紧密联系的,良好的环境是人类生存与发展的必需的条件,只有保护好环境才能实现可持续发展。环境一方面是人类赖以生存的物质基础和生存空间,另一个方面有要承担着各种人类社会经济活动所造成的对环境影响的后果。1972 年联合国的人类环境会议标志着人类环境意识的觉醒,并开始以实际行动致力于环境保护。从可持续发展思想出发,为使人类在发展过程中减少生态环境系统的局部失调和灾害问题,就要自觉地遵循生态经济规律,及时采取防范措施,提高环境系统的反馈调节能力。

2.3.3　海域可持续发展的内涵

由于可进行开发利用的海域资源日趋稀少和海洋环境的变化,海洋的可持续发展问题已经成为当前重要的课题之一。海洋可持续发展的内涵应该包括以下的主要内容:一是要尽可能地保持海洋环境的现状,减少海洋资源的衰减速度;二是注意调整海洋产业结构,根据产业的不同,执行不同的产业政策,或鼓励开发,或适度开发,或控制其开发规模。三是加大海洋科研力度,提高海洋开发的科技水平,使海洋经济的增长速度维持在合理的水平之上。鉴于此在对海域自然资源进行价值评估时,需要确定一个科学适度的标准,并通过执行该标准,实现海域资源开发最大限度的优化配置,进行产业结构的调整,最终达到最大限度的保护海域资源和环境的目的。在海域管理实践中,要兼顾海域资源可持续发展、海域环境可持续发展和海洋经济可持续发展三个方面,既不能以牺牲海洋经济的发展来保护海洋资源和环境,更不能以发展海洋经济为目标来牺牲海域资源和环境,要在实现海域资源可持续发展、海域环境可持续发展的前提下来实现海洋经济的可持续发展,坚持海域资源第一,海域环境第二,海洋经济发展第三的原则。

2.4 生态价值理论

生态需要也是人类生存的一种重要的需要,甚至比物质、精神的需要更不可缺少是生态价值理论的主要观点。传统的经济学,总是只对可市场化的物质资料生产和流通过程进行研究,而把那些尽管重要却未计算市场价值的自然资源和环境功能排除在价值评估对象之外。然而正如黄金、珠宝以稀为贵一样,生态需要一旦成为稀缺物也会成为价格。现代文明的发展已经使人们认识到,现代人享受到的前所未有的物质和精神的福利,都伴随着人类对自然资源的极大浪费和对环境的严重破坏。自然资源不仅作为生产要素形成资源需要作评估,而且它的生态功能被看作自然资源,也称成为评估对象。20 世纪 80 年代苏联经济学家和我国经济学家曾提出生态需要的概念。他们认为,人类的需要包括物质的、精神的、生态的三个方面的需要,经济学不应仅仅关心物质的、精神的产品或服务的价值评估,而且也要重视生态消费的价值的评估。近几年,许多经济学家和生态学家提出了幸福生产总值、绿色 GDP 等概念,力求把生态价值,可满足人们生态需求的生态功能,也作为价值评估的对象。[47]

罗·克斯坦萨在英国的《自然》杂志发表的《全球生态系统服务和自然资本的价值》一文,对海洋和陆地的各类生态系统的价值进行了评估和比较,使以往人们感到难以把握的自然生态系统的价值得到了量化的估算。海洋和陆地不只是作为生产资料时被看作资产的具有价值,而且其生态功能,包括自然界提供的无常的资源,以及为人提供的环境功能、宜人的气候、多样的生物,同样是人类的福祉,必须而且可能予以评估。[48]

2.4.1 自然资源功能价值

自然资源的功能主要是指自然资源所具备的效用、质量、功能以及有用性等方面的特征。自然资源的使用价值即自然资源的功能对人类的作用和有用性。功能是作用于人类产生使用价值的直接因素,也是构成使用价值的重要自然资源。自然资源属性与功能对人类的效用与有用性则成为自然资源对人类的效用,西方主流派经济学家将自然资源的使用价值称为效用。使用价值产生于自然资源满足人的需要的关系之中,因此其只能在这种关系的开发利用中才能具有实际的意义并得以实现。从形式上看使用价值是人类在开发利用自然资源时对人类满足需要的主观感受,从内容上看使用价值是自然资源满足人类需要的效用,从本质上看使用价值是人类与自然资源之间的使用与被使用的关系。我国学者认为,人类在使用资源过程中使资源从某一功能状况(某一质量水平)下完全丧失该功能时所获得的效用(使用价值)称为自然资源的功能价值。

2.4.2 自然资源补偿价值

自然资源的经济补偿主要体现方式是缴纳补偿费,是对人类生活、生产活动造成的生态破坏和环境污染以及消耗的自然资源进行弥补、恢复或替换。根据马克思主义理论,社会生产可划分为简单再生产和扩大再生产两种形式。劳动产品的价值,不仅仅是这一新劳动的产品,还要将已经物化在生产资料中的过去劳动的价值进行补偿。全部年产品的价值中分别为两部分,一部分是属于过去劳动的价值,另一部分是属于新增加劳动的价值。过去劳动的价值中,又包括两部分,一部分体现在已经磨损的设备、机器、厂房、建筑物等劳动资料上面,另一部分则体现在已消耗的燃料、原料、辅助材料等劳动对象上面。为了维持简单再生产,耗费多少劳动资料就要补偿多少劳动资料成为重要条件之一。由于我国没有将资源价格这一因素纳入绝大多数资源型初级产品价格形成中,核算体系也未包含开采和耗用资源,自然资源本身被视为无价之物,一经开采投入生产,只从投入劳动开始计算成本。由此导致资源型产品拿到市场上销售后,收不回资源耗用、再生及替换的价值,资源也得不到应有的补偿,引起环境与生态恶化并制约经济、社会的持续协调发展。

近年来,资源的无偿适用得到了一定程度的扭转,部分自然资源经济补偿也已经纳入管理范围。我国部分省、市、区开展了煤、铁、石灰等矿种和林地、林业等生态环境补偿费。海域使用金在以前的征收管理中,主要考虑了海域使用的效益情况,即与传统的地租相类似的海域资源占用费用,对海域资源损失的价值补偿基本没有核算和考虑,同时限于历史情况,当时的海域使用金标准也很低,实际上只对海域使用者占用海域资源进行了象征性的费用征收,以区别于无偿适用。从遵守海域资源使用最大效益原则和保护海域环境的角度看,海域资源的有偿使用不仅要包括海域开发中对海域资源空间的占用,而且要包括海域开发中对海域属性改变造成的功能价值的损失,而且随着资源稀缺程度的增加,功能价值损失补偿的比例会越来越高。

2.5 产业组织理论

产业组织理论是一门理论和实践相结合的经济学理论,主要研究同一产业内部各企业之间的市场关系,以及垄断、竞争与规模经济之间的关系。它关注优化资源配置的我呢提,研究如何既充分利用规模经济的优势,又充分鼓励产业内部的竞争,避免因为垄断或者过度竞争而引起的低效率。

2.5.1 产业组织与产业组织理论

英国著名经济学家马歇尔在其出版于1980年的名著《经济学原理》中,对法国经济学家萨伊的三个生产要素(劳动、土地和资本)做出了补充,提出了第四生产要素——组织的概念。他所提出的组织的概念,既包括了企业内的组织形态,也包括了产业内企业之间关系的组织形态,还包括了产业之间的组织形态,甚至还包括了国家组织等。但后来所广泛使用的产业组织的概念,只是指产业内企业之间关系的组织形态,即其中的第二个层次。

在我国学者们对产业组织有着各种定义。主要观点主要有:产业组织理论中产业的概念指的是同一市场上生产能同一类商品生产者的集合,产业组织就是指这些生产者之间的关系;[49]产业组织或称工业组织,是指工业或产业内部的各企业相互关系所构成的组织结构状态及其发展变化过程;[50]产业组织是指同一产业内的交易关系、利益关系、资源占用关系和行为关系等企业关系结构;[51]产业组织理论是运用微观经济学理论研究市场结构与组织、企业结构与行为、市场与厂商相互作用和影响的学科,是分析厂商和市场及其相互关系的一门新兴应用经济学分支。[52]

2.5.2　产业组织理论的发展

许多学者将马歇尔的新古典经济学作为现代产业组织理论体系产生的萌芽。"马歇尔冲突"也被视作现代产业组织理论的缘起。罗宾逊夫人在1933年出版了《不完全竞争经济学》一书,总结了"马歇尔冲突"提出以来的理论探讨;张伯伦也于同年出版了《垄断竞争理论》,提出垄断竞争模型,以具体的、现实的市场情况取代了理论上的、抽象的市场概念。二者的垄断竞争理论首次打破了理论派与实证派间的脱离,使后继者可将理论模型与制度分析、公共政策、营销及描述性的企业行为研究结合起来,为现代产业组织理论奠定了重要的基础。

20世纪40到60年代,哈佛大学对产业组织的研究逐渐产生越来越大的影响力,乃至形成了著名的哈佛学派。在前人研究的基础上,梅森(1939)和贝恩(1959)提出了可进行实证检验的市场结构—市场绩效关系假说,并由谢勒(1976)发展为结构—行为—绩效(SCP)分析框架。该理论发表于1970年出版的《产业市场结构和经济绩效》一书。二战后几十年,批判和反对结构主义理论的观点开始兴起,其中最有影响力的是芝加哥大学的斯蒂格勒(1968)的《产业组织与政府管制》、德姆塞茨、波斯纳(1971)的《反托拉斯法:案例、经济学解释和其他材料》,提出了经济自由主义和社会达尔文主义的主张,形成了产业组织理论的芝加哥学派。芝加哥学派反对政府对市场结构进行各种形式的干预,认为政策重点应该放在对企业间价格协调、分配市场等行为的干预上。这种观点被称为行为主义,对20世纪70年代后期美国反垄断政策产生了重要影响。

1985年,美国经济学家威廉姆森出版了《资本主义经济制度:企业、市场和关联合约》一书,对交易费用理论作了全面的表述,标志着新制度经济学派产业组织理论的建立。1989年法国学者泰勒尔出版了《产业组织理论》一书,在产业组织的研究方法中引入了博弈论,对产业组织理论体系进行了重构,使得产业组织理论从对研究市场机构的重视转向研究厂商行为。20世纪80年代以来,产业组织理论运用微观经济学的理论成果,如上面提到的可竞争市场理论、交易成本理论、博弈论等,对传统的SCP分析框架进行了有益的补充;并随着实证研究技术的发展,学者们开始重视将理论分析同案例研究、实证分析更好地结合起来。计量经济学方法称为产业组织研究采用的实证研究方法之一,随着计量经济学软件的大量应用,许多学者开始采用"结构—绩效"模式进行横断面数据回归分析。时间序列分析法在 20 世纪 80 年代得到大的发展,如用于产业组织研究的经济时间序列的线性和非线性方法、协整模型和误差修正模型、双线性模型等。

第三章

我国海洋功能区划与海域空间利用的现状

3.1 我国海洋资源的分布及其利用状况

3.1.1 我国的海洋资源概况

我国是一个海洋国家,海岸线漫长,海域辽阔,有着丰富的海洋资源。我国的东南两面为大海环抱,海岸线长达 1.8 万公里。按照《联合国海洋法公约》和国际法的有关规定,我国主张的管辖海域面积可达 300 万平方公里,接近陆地领土面积的三分之一。其中与领土有同等法律地位的领海面积为 38 万平方公里。在我国的海域中,大陆架面积居世界第五位,面积在 500 平方米以上的岛屿 7372 个。我国海洋的自然地理优势和区位优势都非常明显,海洋资源的类型齐全,品种众多,储量丰富,潜力巨大,尤其是海洋资源的复合程度高,分布趋向性强,与陆地资源互补性较好,且开发条件便利,是实现我国国民经济可持续发展的重要基础和宝贵财富。

1. 海洋资源基本概况

(1)海洋空间资源

海洋空间资源是指与海洋开发利用有关的海岸、海上、海中和海底的地理区域的总称。将海面、海中和海底空间用作交通、生产、储藏、军事、居住和娱乐场所的资源。包括海运、海洋工程、海岸工程、临海工业场地、海流仓库、海上机场、重要基地、海上运动、旅游、休闲娱乐等。

海洋空间主要分为多个应用领域。一是海上生产空间。进行海上生产空间建设可以节约土地的使用,免除道路等公共设施建设的费用,而且空间的利用价格比较低,同时具有交通运输便利的优势;缺点是在海上建设生产空间的基础投资和风险都比较大,对技术的要求比较高。二是交通运输空间。国际贸易的运输大多为海上运输,海上交通运输的优点是成本低和具有连续性;缺点是海上风险大,到达目的港可能要比较长的时间,一旦遭遇海上风险就不可避免的收到损失。三是储存空间。利用海洋建设仓储设备,可以节约土地而且隐蔽性和安全性较高,同时具有交通便利的优点。四是海底电缆空间。通信电缆包括陆地和海上设施间的通信电缆、横越大洋的洲际海底通信电缆,电力输送主要用于海上建筑物、石油平台等和陆地间的输电。五是旅游娱乐空间。现代旅游体系的完善,邮轮经济的发展,海洋空间的旅游和娱乐功能得到了最大程度的发挥。各大旅游中心项目纷纷建成,充分利用了海底、海中和海面的海洋空间。六是海洋环境空间资源。海洋中交换能力强,对污染物有很好的稀释与扩散功能,向海洋排污、倾废等实际上也是一种开发利用海洋环境空间资源的行为。

(2)海洋生物资源

我国海域的自然区域范围南北跨度为 38 个纬度,跨热带、亚热带和温带三个气候带,沿海岸众多河流入海,海域营养物质丰富,非常利于海洋生物资源繁殖生长。经过科技工作者多年的实地调查研究,目前已经在我国海域调查记录到了 20278 种海洋生物,约占世界海洋生物总数的 25% 以上。我国海域的海洋生物,按照分布情况可分为滩涂海洋生物和水域海洋生物两大类。在水域的分布上,具有南多北少的特点,即南海分布种类较多,黄海域渤海的种类较少。在我国的海洋生物中,其中最具捕捞价值的海洋动物鱼类 2500 种,对虾类 90 种,头足类 84 种,蟹类 685 种,海洋生物入药的种类达 700 种。[53]

中国近海现已形成 70 多个渔场,其中黄渤海渔场、舟山渔场、南海沿岸渔场、北部湾渔场由于产量高,被称为中国的四大渔场。主要经济鱼类 70 多种,黄鱼、小黄鱼、带鱼、墨鱼是中国人民喜欢食用而且产量较大的海洋水产品,被称为“中国四大海产”。近年来,随着水产资源不同程度的衰减,我国海洋出现了农牧化趋势,近海渔场的鱼种和资源量不断增加,保证了水产品的产量。

（3）海洋矿产资源

按其产出海域,海洋矿产资源一般分为海滨砂矿资源、海底矿产资源和大洋矿产资源。海滨砂矿资源有金属砂矿和非金属砂矿,金属砂矿主要有铁砂矿、砂锡矿、砂金矿和稀有金属砂矿;非金属砂矿有金刚石砂矿以及砂、砾等建筑材料。我国已查明的具有储量的海滨砂矿约有13种,累计探明量为15.27亿吨。

凡属埋于海底以下的矿产资源,称为海底矿产资源。主要包括海底尤其资源和天然气水合物。其中天然气水合物又称"可燃冰",是一种储量巨大的、洁净的新型潜在战略能源,是石油、天然气的替代能源。我国南海大陆坡的地貌结构十分有利于天然水合物的形成,据估算,南海天然气水合物的总资源量达600亿—800亿吨油当量。海洋油气资源是最为重要的海洋矿产资源,我国的海洋油气资源非常丰富,共有大中型新生代沉积盆地16个,大陆架海区含油气盆地面积近70万平方公里。据国内外有关部门资料估计,我国大陆架海域储藏石油量分别占全国总资源量674亿—787亿吨的18.3%—22.5%,分别为150—200亿吨。据国家天然气科技攻关的最新成果,全国天然气总资源量为43万亿立方米,其中海域为14.09万亿立方米,充分展现出近海油气资源的良好勘探开发前景和丰富的油气资源潜力。

作为《联合国海洋法公约》的缔约国,我国是国际海底多金属结合资源勘探开发的先驱投资者。在东太平洋完成勘察200万平方公里,圈出具有商业开采价值的申请区30万平方公里、多金属结核20万吨。经联合国批准,获得了位于国际海底的15万平方公里的多金属结合资源开辟区,拥有7.5万平方公里的多金属结核矿区的专属勘探权。

（4）海洋化学（海水）资源

地球上的海水总量约为13.7万亿立方公里,海水中含有80余种元素和200亿吨重水,即核聚变的原料。另外还包含一些地下卤水资源。地下卤水资源主要包含氯化镁、氯化钾、海盐等可提取化学元素。我国渤海沿岸地下卤水资源丰富,估计资源总量约为100亿立方米,这些地下卤水可以直接利用,也可以淡化成淡水资源。海水淡化一直是解决用水资源短缺的重要手段,因此十分重视海水淡化的研究技术。特别是我国缺水的北方沿海濒临渤海、黄海,其海水具有较低的盐度,适宜海水资源的开发。此外,我国盐业生产历史十分悠久,是传统的海洋开发产业之一。据估计,我国海盐产量居世界首位,沿海共有盐田 30 余万平方公里,年产海盐 2056 万吨。

(5)海洋新能源

海洋新能源是以各种形式蕴藏在海洋水体中的能量,包括潮汐能、潮流能、海流能、波浪能、温差能、盐差能等,是可再生的资源。据估计,全球海洋新能源约有 160 亿千瓦,我国有 6.3 亿千瓦。从长远看,依靠高科技开发海洋新能源,形成海洋新能源利用产业具有良好的前景。

根据实测资料,采用系统的科学分析统计方法,得出我国各种海洋可再生能源的资源量,主要是可开发装机容量 200－1000 千瓦的潮汐能资源量、波浪能和潮流能资源理论平均功率。

我国沿岸潮汐能可开发资源,总计约为 2179.31 万千瓦,年发电量约为 624.36 亿千瓦·小时,坝址数有 424 个,大部分分布在闽浙两省;波浪能资源理论平均功率为 1285.22 万千瓦,主要分布在浙江、福建、广东、海南和台湾附近海域;潮流能 1394.85 万千瓦,主要分布在浙江、福建等省;温差能总装机容量 13.28 万千瓦,盐差能 1.25 亿千瓦。我国沿海和海岛的风能资源十分丰富,年平均风速 4－6 米/秒,海岛年平均风能密度在 200 瓦/平方米以上,具有较大的开发前景,开发风能资源已经迫在眉睫。

2. 我国海洋资源总体状况

(1)种类丰富但总量不足

世界沿海国家的管辖海域面积与陆地面积之比为 0.96,而我国该项的比值小于 0.3。我国国家管辖海域面积与陆地国土面积的比值低于世界沿海国家的平均水平。在环黄海、东海、南海的 11 个国家中,海陆面积比值最低的是我国。日本的 200 海里以内海域面积是陆地面积的 11.9 倍,菲律宾是 6.31 倍,越南是 2.19 倍,朝鲜是 2.17 倍,从人均水平来看,我国也远远低于世界平均水平,世界人均 200 海里以内海域面积 0.026 平方公里。我国单位陆地面积平均拥有的海岸线很短,我国海岸线长度与陆地国土面积之比(海岸系数)是 0.000188,居世界第 94 位,低于世界大多数沿海国家,这意味着中国的广大内陆要利用海洋是可便利的。

中国沿海有面积在 10 平方公里以上的沿海港湾 160 余个,有基岩海岸 5000 余 km,其中深水岸段 400km 余,可建中级以上泊位的港址 160 余个,万吨级以上的 40 余个,10 万吨以上的 10 余个,并与 10 余条具备航运条件的大中河流相接,有利于发挥河海联运;滨海滩涂宽阔并逐年增长,平均淤积增长 2.67 万 – 3.35 万平方公里,水深 20 米以内的浅海域 15.7 万平方公里,浅海和滩涂区适宜发展海水养殖也,但目前可养殖滩涂利用率不足 40%,水深 15 米浅海海域面积利用率不足 2%。渤海、黄海、东海和南海四个海区主要经济渔业种类 150 余种,其中优势经济品种 20 多种,初级生产力总量 45 亿吨,折合鱼类生物量 1500 万吨;中国海域已经发现含油气构造 71 个,获天然气 14.1 亿立方米,滨海砂矿 60 余种,资源量 31 亿吨,地质储量石油 12 亿吨,累计探明储量约 16 亿吨;在南海的中沙群岛南部和东沙群岛东南还发现富集的锰结核;有滨海旅游景点 1500 余处,滨海有 0.84 万平方公里的宜盐土地,海域海洋能源蕴藏量为 6.3 亿千瓦。

(2)缺少世界级优势海洋资源

我国利用世界生物资源的份额相对较低。根据国际上学者的研究,全世界海洋渔业资源的可捕量中,中国海洋渔业的可捕量仅占世界海洋渔业可捕量的 1.16% – 1.75%。具体每年是 2 亿—3 亿吨,大洋中层鱼类生物量共 9 亿—10 亿吨,中国在近海和外海的可捕量每年约为 350 万吨,经过努力海洋捕捞产量可达到 500 万吨(包括 150 万吨远洋渔业产量)。中国的海洋生物生产力在世界范围内的优势也不突出。据研究,中国近海鱼类生产力平均为 3.18 吨/(平方公里·年),南太平洋沿岸为 18.2 吨/(平方公里·年),南非近海为 8.3 吨/(平方公里·年),日本近海为 11.8 吨/(平方公里·年),巴伦支海为 0.5 吨(平方公里·年),白令海为 1.2 吨/(平方公里·年)。据估计,世界沿海的浅海和滩涂面积为 44 亿平方公里,如利用 10% 发展养殖业,每年可生产 1 亿吨海产品,我国水深为 15 米以浅的浅海和滩涂面积约 1259 万平方公里,仅占世界浅海和滩涂的 0.4%。

海洋油气资源潜力有限。据美国统计,世界沉积盆地有油气远景的区域为 7746.3 万平方公里,其中海域 2639.5 万平方公里,占 34%。中国有远景的沉积盆地占世界有远景沉积盆地总数的 3.2%,面积为 247.2 万平方公里;中国海洋沉积盆地面积占世界海洋沉积盆地的 2.3%,面积为 60.5 万平方公里。世界上的石油储量主要集中在几内亚湾、波斯湾、墨西哥湾和加利福尼亚西海岸等几个地区,上述地区的油气总储备量占海上全部探明量的 80%。而未探明的油气区,主要是在澳洲、南北极、非洲、南美等。在世界海洋油气资源丰富的沉积盆地中,我国近海不是最好的,并且我国近海的找油前景同以上地区有明显的差距。

我国目前在全世界位居前列的主要有以下几个方面:海岸线长度、海港分布面积、海港分布密度与大陆架面积。在这几个方面我国所拥有的资源绝对量在世界排名均较为靠前,具有一定的优势地位,但是由于我国人口基数过大,同其他经济问题一样,海洋资源的人均占有量是非常稀少的。

(3)有几种国家级战略资源

国家级战略资源指对其开发利用对全国社会和经济发展有重要影响的资源。中国的海洋资源中,港湾资源、生物资源(尤其是滩涂和浅海养殖增殖区域)和海洋油气资源是国家级战略资源。

① 港湾资源

全球化时代,国际贸易飞速发展,国际贸易运输的主要形式是海上运输,大宗商品和货物基本上通过海运来完成。所以拥有良好的港口,等于在国际贸易上拥有了优势地位。将优良的港湾建设成为海运港口、保护海运通道和合理利用全球航道是国家开展国家贸易的战略性条件。目前全国有 67 个主要沿海港口,沿海深水泊位 490 个。50 个主要海湾的生产型码头泊位 1392 个,其中万吨级泊位 490 个,码头岸线长 173929km。我国已连续 6 年当选国际海事组织 A 类理事国,是世界上重要航运大国。很多国家要求一些非港口建设原则上不得占用优良港址,我国也规定,在作为国家战略资源保护的基础之上,保护每一处适合建设大中型港口的建设需要。

② 生物资源

海洋可大量吸收太阳能,并转化为食物资源。在浅海中,生物年生长量相当于 8360KJ/(平方米·年),陆地农田约为 2540KJ/(平方米·年),1 亩海面超过 2 亩农田的生物年生长量。中国水深 30 米以内的浅海面积有 1.33 亿平方海里,如果充分利用其生物生产力,则相当于 0.67 亿亩农田的生物生产力。

③ 海洋油气资源

对于中国近海的油气资源储量,国内外研究机构均有不同的估测。国内有些专家对 7 个主要盆地进行早期油气资源预测,认为共有石油资源 100 亿 - 300 亿吨,其中天然气资源量未进行预测。而国外有些专家估计的范围是可采储量 40 亿 - 164 亿吨。[54]

3.1.2 我国海洋资源开发利用现状及问题

1. 海洋资源开发利用现状

我国海洋资源开发历史悠久,传统海洋产业,如海洋渔业、盐业、港口交通运输业等已经有几千年的历史。改革开放以来,海洋旅游业、海洋电力业、海水综合利用业等新兴海洋产业也得到快速发展,在海洋经济中的地位逐步提高。另外,我国在加大海洋资源开发力度的同时也十分重视海洋资源的保护,采取有力措施,在海洋技术研究和海洋科学调查方面都取得了突破性进展。

(1)海域资源

浅海海域利用方式多种多样,随着海洋开发内容的不断扩展,海域使用空间逐步从近海向外海,由浅水区向深水区发展。目前,除海上油气开发、深海排污、跨海海底电缆铺设,以及特殊军事海域利用外,海洋产业开发利用的海域主要还是近海和浅海。目前,我国浅海海域资源开发利用主要类型包括海域水产资源利用、浅海和极浅海海底油气资源利用、海水制盐、海洋旅游资源利用等,这些浅海资源利用已经形成相当的产业规模,经济产出不断增加。[54]

目前我国的海域资源利用状况是,海洋捕捞区为 280 余万平方海里,其他行业海域使用面积近 300 万平方海里,港口用海面积 20 万平方海里,盐田面积 40 余万平方海里,旅游娱乐用海面积近 1 万平方海里,油气开采用海近 20 万平方海里,铺设海底电缆管道 13500 余公里,海洋倾废区面积 0.2 平方海里。另外,我国还建成以海洋和海岸生态系统及海洋珍稀动植物为主要保护对象的自然保护区 69 个,总面积 130 余万平方海里。[55]

浅海海域资源的环境服务功能是另外一个主要方向,近海、浅海区域海洋环境容量与海洋的自净能力也是非常重要的资源,适当地利用海洋的自净能力,可减轻人工处理污染物的负担。例如,利用海洋的自净能力建立海水废物倾倒区就是海域资源有效、合理利用的方法之一。

(2)滩涂资源

滩涂资源是沿海重要的土地后备资源,据考证,沿海的辽河平原、黄淮平原、长江中下游平原和珠江三角洲约有 1700 万平方海里土地,约占全国土地面积的 15%,都是历史上江河携带泥沙不断沉积的沿海滩地。滩涂主要的利用方式是发展水产养殖业和人工造地。世界上很多土地资源贫乏的国家,如荷兰、日本等都非常重视人工造地或利用滩涂,而我国是开发沿海荒山和围垦海涂最多的国家。在历史上,累计开发滩涂和滨海荒地约 1677 万平方海里,近 40 年来围垦了 60 万平方海里。滩涂的开发利用主要表现在以下一些方面。

① 农业围垦利用滩涂

自 1949 年以来,沿海滩涂围垦累计面积约为 1.2 万平方海里,相当于现有滩涂总面积的 55.1%。其中,黄海、渤海沿岸围垦面积占 68.5%,东海,南海占 31.5%。以江苏沿岸围垦面积最大,占全国围垦面积的 41.8%。沿海滩涂围垦地作为农业用地面积最大,并以耕地为主,用于种植棉花、粮食的功能。其次是盐田用地,占 10%,再次是海水对虾池塘养殖地,其余为垦区的村落、交通道路、水利设施和林业用地。

② 水产养殖利用滩涂

沿岸滩涂和浅水区是发展水产养殖业的良好场所。世界上多数海域的沿岸浅海区和滩涂除常年冰封海域外,均可以发展水产养殖业。目前,世界上已有 140 余个国家从事水产养殖,中国是世界上水产养殖业最发达的国家,海水养殖面积已经达到 169.4 万平方海里,其中滩涂养殖面积为 71 万平方海里。

③ 盐业利用滩涂

我国的平原海岸多为淤泥质,适于海盐生产。平原型海岸主要分布在杭州湾以北的下辽河、华北以及江淮三个平原的前缘。岸线平直,岸滩平坦,坡度为 0.1% 左右,物质组成以黏土、粉沙黏土为主,渗透性小而防渗性强,自然海岸特征和环境要素为发展海盐业提供了天然条件和广阔的空间。据调查,我国大陆沿岸有宜盐土地和滩涂资源 8400 平方公里,按海区分,黄海、渤海沿岸面积最多,占 82%,东海沿岸次之,占 15%,南海最小,占 3%。总体资源条件是,北方沿海优于南方沿海。我国的滩涂盐田利用历史永久,沿岸盐场分布普遍,晒盐业多年稳定在一定的水平,并多年保持世界第一。

④ 盐生植物利用(生长)滩涂

我国滨海盐生植物生长滩涂资源北方沿岸比南方沿岸丰富,主要资源种类有大米草、芦苇和红树植物,自然分布总面积达 18.63 万平方公里。另外,我国沿海地区尚有未充分利用的 3000 平方海里余滨海盐碱荒滩,其主要原因是海水侵蚀频繁、淡水资源缺乏。海涂滩上带荒地和新围海涂,除按常规土壤改良农业种植外,可以依照技术创新,走"盐业土地"或"海水灌溉农业"的新路子,即不经过土壤改良在滨海盐土上直接种植耐盐强或可可以直接用海水灌溉的作物,作为粮食、油料、蔬菜、饲料、药物等新资源开发利用,并以此为原料发展加工和深加工工业,形成沿海滩涂抗盐、耐海水植物资源开发产业。

(3)海洋生物资源

目前,我国对海洋生物资源的利用主要是海洋渔业。在漫长的历史年代中,海洋渔业的开发利用水平很低,发展缓慢。新中国成立后,海洋渔业经过20世纪50年代的恢复发展阶段、60年代的生产徘徊阶段、70年代的曲折发展阶段和80年代后的大发展阶段。到90年代,海洋渔业资源的开发程度,已居世界六个大陆架大国前列。到2007年,我国的水产品总量达5100万吨,占全球水产品总量的40%。并且深海捕捞,海水养殖发展迅速,海洋渔业结果得到极大的优化。

从各海区海洋渔业的情况来看,渤海和黄海是我国渔业资源开发最早的区域,也曾经是我国最重要的渔场,但由于长期处于捕捞过度的状态,渔业资源衰退严重,捕捞产量所占比例持续下降。东海是我国渔业资源生产力最高的区域,该区渔业资源一度也曾出现衰退态势,但随着20世纪90年代以来的资源保护措施的加强,某些种类的渔业资源有所回升。南海北部的渔业资源主要为广东省、海南省和广西壮族自治区及港澳所利用,目前南海北部的鱼获量是最适量的2倍以上,沿海渔业资源面临枯竭的境地。

2. 我国海洋资源开发利用中存在的问题

(1)海洋资源的产业形成率较低,产业结构布局不合理

目前我国的海洋产业仍然为粗放型海洋经济,具体体现在:海洋产业的主体由海洋渔业、海洋油气业、海洋旅游业、海洋运输业、海洋盐业和造船业等组成,在这个体系中,传统产业仍然占据大部分比重,未能形成高附加值的新型产业,这就导致了海洋经济的贡献率很难得到提升。粗放型海洋经济的特点为:海洋产业规模较小,档次较低,结构和布局不合理,资源消耗及环境污染严重,导致了整个海洋产业体系发展的不成熟。[56]

(2)缺乏统一规划和管理,致使近海污染加重

国家对海洋的日益重视导致了海洋开发的速度增快。但是由于对海洋工业

的发展缺乏协调性和综合的管理与规划,导致了很多海域的开发使用不很合理,海洋开发造成了对海洋环境资源和生物资源的破坏,严重影响了海域的环境质量。由于缺乏统一有效的规划管理,造成了海域资源和海岸线的开发无序过度。加上沿海工业的大量废弃物排入海水中,使得海岸环境污染严重,最终导致了生产效率的降低和影响了经济发展的后劲。[57]

(3)法规体系不够健全执法不力,开发管理上矛盾日渐突出

目前我国出台了相关的法律和法规对海洋开发利用进行管理,但是还未能形成系统配套的海洋法律制度。国家性的法规存在着实施难度较大的问题,地方性的法规存在着操作性较差的问题。这些问题都会影响海洋执法的力度。[58]导致了对海洋资源的无偿占用和使用,未能对海洋产权关系进行明确界定,在操作层面缺乏对各个利益主体之间的经济关系进行协调,导致了大量权益纠纷问题的产生。导致很多名义上为国家所有的海洋资源,收益转化为部门、集体和个人的收益,造成了国有海洋资源性资产的大量流失。

3.1.3　我国海洋功能区划与海域使用论证制度

根据《海域使用管理法》的立法宗旨和所要调整的社会关系范围,我国已经建立起了一系列海域属权和使用管理的制度。其中重点内容是海洋功能区划制度与海域使用论证制度。

1. 海洋功能区划制度

全国海洋功能区划是国务院海洋行政主管部门会同国务院有关部门和沿海省、自治区、直辖市人民政府共同编制的。而沿海县级地方海洋功能区划是县级以上地方人民政府海洋行政主管部门会同本级人民政府有关部门,依据上一级海洋功能区划进行编制的。海洋功能区划制度的相关内容将在后面的章节展开阐述。

2. 海域使用论证制度

海域论证是指通过对拟使用海域自然地理条件、资源环境状况、区位条件、社会经济状况、区域生产力布局、用海历史沿革、海域功能、海域使用损益及灾害防治、国防安全等方面的勘测、调查与评估分析,提出海域使用项目是否可行及相关对策。海域使用管理工作中,实行海域使用论证制度,是在符合海洋功能区划宏观制度所决定的某一海域主导功能的前提下,考虑到海洋功能单元内开发利用项

目仍然会对海洋自然属性产生复杂影响,甚至会改变临近海域的功能,或影响其他用海项目的实施。为使用海项目之间相互协调,就必须对每个项目进行海域使用论证工作,以减少项目之间的冲突,消除布局不当的隐患,为组建合理的海区生产结构提供保障。

3.2 我国的海洋功能区划及其运行状况

3.2.1 我国海洋功能区划的历史沿革

20 世纪 80 年代末,我国提出并组织开展了海洋功能区划。作为海洋管理的一项基础性工作,海洋区划的主要目的就是根据海洋资源状况、海域区位条件和海洋环境容量等自然属性,参考海域经济和当地社会经济发展的需要,对海洋功能区进行了科学的划定,使得各行业用海得到统筹的安排。我国的海洋功能区划经历了两个连续的发展阶段。首先第一个阶段从 1989 年开始,国家海洋局组织沿海 11 个省市开展了小比例海洋功能区划工作。第二个阶段从 1998 年开始,国家海洋局组织开展了大比例海洋功能区划工作。1999 年国家修订的《海洋环境保护法》和 2001 年颁布的《海域使用管理法》正式确立了海洋功能区划的法律地位,其中规定,区划必须由海洋部门会同有关部门共同编制,经过批准后具有强制执行的法律效力。《海洋环境保护法》和《海域使用管理法》使海洋功能更能区划从技术层面上升到了公共政策层面。[59] 从此海洋功能区划成为我国制定海洋开发战略、海洋经济发展规划、海洋资源管理战略、海洋环境保护规划等相关资料的基础依据。2012 年 4 月,国务院正式批准《全国海洋功能区划(2011 – 2020 年)》(以下简称《区划》)。我国海洋功能区划的发展简史和历史沿革可以由下表表示。

表 3 - 1　我国海洋功能区划历史沿革

时间	事项
1979 年	启动全国海岸带和海涂资源综合调查工作
1986 年	全国海岸带和海涂资源综合调查完成,国家海洋局决定利用成果进行海洋功能区划
1988 年	国家机构编制委员会批准国家海洋局"三定"方案,指定海洋功能区划为国家海洋局之主要职责
1989 年	在天津召开全国海洋功能区划工作会议,制定了《全国海洋功能区划大纲》、《全国海洋功能区划简明技术规定》和《全国海洋功能区划报告编写提纲》
1989 年	决定海洋功能区划实施策略为先示范后推广,选定渤海为海洋功能区划示范区
1990 年	国办发(1990 年)54 号《对国家环境保护局、国家海洋局有关海洋环境保护职责分工的意见》指定国家海洋局进行海洋功能区划编制工作
1993 年	完成《中国海洋功能区划报告》和《中国海洋功能区划图集》的编写和编辑工作
1993 年	财政部和中国海洋局联合颁发了《国家海域使用管理暂行规定》(1993 财综字第 73 号),确立了海域使用证制度及海域有偿使用制度
1995 年	指定辽宁省大连市、山东省青岛市和长岛县、浙江省沿海市县、福建省厦门市等地作为大比例尺海洋功能区划试点
1996 年	发表《中国海洋 21 世纪议程》,将大比例尺海洋功能区划纳入政策
1997 年	《海洋功能区划技术导则(GB17108 - 1997)》成为强制性国家标准
1998 年	发表《中国海洋事业的发展》白皮书,将指定大比例尺海洋功能区划作为中国保护海洋环境的健康发展和资源的可持续利用的基础工作之一
2001 年	颁布的《海域使用管理法》正式确立了海洋功能区划的法律地位
2002 年	国务院批准发布《全国海洋功能区划(2001 - 2010 年)》
2007 年	国家海洋局发布了《海洋功能区划管理规定》
2008 年	国家海洋局正式成立国家海洋功能区划专家委员会
2012 年	国务院批准《全国海洋功能区划(2011 - 2020 年)》
2015 年	国务院印发《全国海洋主体功能区规划》

3.2.2　我国海洋功能区划的原则

1. 以自然属性为主,兼顾社会属性的原则

划定功能区类型的主要因素是区域的自然资源、自然环境和地理区位等自然属性,这些因素也是空间规划的基础。功能区划不同于自然资源区划、地理区划,也不同于区域规划,前者主要考虑自然属性,后者在自然属性的基础上,兼顾考虑社会需求,因此,根据功能区划的性质及其目的的以自然属性为主、兼顾社会属性是区划所遵循的基本原则。

2. 统筹兼顾、突出重点原则

在划定海洋功能区时,要注意依法利用与环境保护并重,在此基础上安排主导功能及可兼容的用海功能。用海项目实现短期开发、长期开发、保留区合理配置与整理利用之间的协调,注重局部功能同整体功能的衔接。注重统筹兼顾重点。在此过程中,要注重,一是功能区划与开发现状关系。海洋开发经过多年的发展,已经不同程度的形成了自己的产业结构和发展格局,为了保持开发利用的连续性,区划时适当考虑开发利用现状和发展规划,二是局部与全局、短期与长期兼顾。区划时既考虑区划区域资源开发和社会发展的需要,又注重其在全国、全省内总的效益和需要及长期发展的需要,三是主导功能与其他功能兼顾,做到对多种海洋资源最大限度的合理开发利用。

3. 备择性原则

具备多种用途功能的海域,如果出现了用海项目的不兼容,一般情况下优先安排区位、资源与环境等条件备择性窄的功能。注重非海洋性配套开发利用功能,

同时也注意海洋依托性开发利用功能,注意不要忽视安排配套性开发利用功能。

4. 可持续原则

海洋开发利用的基本目标是实现资源效益、经济效益、社会效益和资源效益的统一。在海洋功能区划过程中,要注意遵循自然规律,考虑到资源的可再生能力以及自然资源的适应能力,处理好海洋开发利用和保护之间的关系,注意生态环境的保护,海域的可持续利用和海洋经济的全面发展。

5. 整体性原则

海水的流动性决定了海洋的统一性和整体性,各种海洋资源的开发时一个整体协调发展的开发过程,海洋的统一性决定了海洋功能区划必须考虑到海域的整体性原则。在确定某一海域的功能时,应该考虑到该功能对周边海域的影响,将相对完整的地理单元作为一个整体加以考虑,使该功能区布局服从和遵从整个海域的功能定位。

6. 可行性原则

在当前和未来科学技术与经济能力可实现的水平上进行海洋功能区划,要注重区划与现有规划的协调性和保持开发利用的连续性,详细考虑政府和用海部门对海洋开发利用的综合意见。为了提高大比例海洋区划的可能性,第一,在不失自然性和科学性的前提下,保持开发利用的连续性;第二,协调好同现有各种规划的关系,充分考虑到不同部门和不同地区之间的效益;第三,划定的海洋功能区立足于近期可以实施的技术水平。

7. 超前性原则

海洋功能区划必须要引入本领域和相关领域研究的最新成果,才能为将来高层次技术和社会发展留有余地,体现出社会发展的超前意识,更加充分的体现社会发展的需求,做到现代技术层次低的功能给未来技术层次高的功能留下空间和发展余地,处理好近期主导功能向未来主导功能过渡的关系,有利于新的海洋经济增长点和新的海洋产业群形成等。[60]

3.2.3　我国海洋功能区划现状与特点

1. 分类体系

2002 年,为了使海洋功能分区(类型划分)简明扼要,有利于海域使用管理,国务院批准发布《全国海洋功能区划(2001 - 2010 年)》,该区划中海洋功能区采用十类二级分类体系,下述 2002 年区划分类体系主要依据海域用途来划分,这与人们对海域功能的传统认识相一致,同时分类体系也反映了一定的产业划分因素,符合对海洋功能区划的现实要求。

（1）2002年区划十类二级分类体系

表3-2 海洋功能区划的十类二级分类体系[61]

一级类			二级类		
代码	名称	含义	代码	名称	含义
1	港口航运区	是指为满足船舶安全航行、停靠、进行装卸作业或避风所划定的海域	1.1	港口区	指可提供船舶停靠,进行装卸作业和避风的区域,包括港池、码头和仓储地
			1.2	航道区	指提供船只航行使用的区域
			1.3	锚地区	指供船舶候潮、待舶、联检、避风使用或进行水上装卸作业的区域
2	渔业资源利用和养护区	是指为开发利用和养护渔业资源、发展渔业生产需要划定的海域	2.1	渔港和渔业设施基地建设区	指可供渔船停靠、进行装卸作业和避风的区域以及用来繁殖重要苗种的场所,包括港池、码头、附属的仓储地以及重要苗种繁殖场所等
			2.2	养殖区	指以人工培育和养殖具有经济价值生物物种为主要目的渔业资源利用区,包括港湾养殖区、滩涂养殖区、浅海养殖区等
			2.3	增殖区	指由于过度捕捞或环境破坏而使海洋生物资源衰退或生物资源遭到破坏,需要经过繁殖保护措施来增加和补充生物群体数量的区域
			2.4	捕捞区	指正在海洋游泳生物(鱼类和大型无脊椎动物)产卵场、索饵场、越冬场以及它们的洄游通道(即过路渔场)使用国家规定的渔具或人工垂钓的方法获取海产经济动物的区域
			2.5	重要渔业品种保护区	指用来保护具有重要经济价值和遗传育种价值的渔业品种以及其产卵场、越冬场、索饵场和洄游路线等栖息繁衍生境的区域
3	矿产资源利用区	是指为勘探、开采矿产资源需要划定的海域	3.1	油气区	指正在开发的油气田和已探明的油气田及含油气构造
			3.2	固体矿产区	指正在开采的矿区或尚未开发但已探明具有工业开采价值的矿区
			3.3	其他矿产区	指正在开采的矿区或尚未开发但已探明具有工业开采价值的除油气、固体矿产之外的其他种类矿区

一级类			二级类		
代码	名称	含义	代码	名称	含义
4	旅游区	是指为开发利用滨海和海上旅游资源、发展旅游业需要划定的海域	4.1	风景旅游区	指具有一定质和量的自然景观或人文景观的区域
			4.2	度假旅游区	指具有度假、运动以及娱乐价值的区域
5	海水资源利用区	是指为开发利用海水资源或直接利用地下卤水需要划定的海域	5.1	盐田区	指已开发的盐田区和具有建盐田条件的区域
			5.2	特殊工业用水区	指从事取卤、食品加工、海水淡化或从海水中提取供人类食用的其他化学元素等的区域
			5.3	一般工业用水区	指利用海水做冷却水、冲刷库场等的区域
6	海洋能利用区	是指为开发利用海洋再生能源需要划定的海域	6.1	潮汐能区	指已经开发或具有开发潮汐能条件的区域
			6.2	潮流能区	指已经开发或具有开发潮流条件的区域
			6.3	波浪能区	指已经开发或具有开发波浪能条件的区域
			6.4	温差能区	指已经开发或具有开发温差能条件的区域
7	工程用海区	是指为建设海岸、海洋工程需要划定的区域	7.1	海底管线区	指已埋(架)设或规划近期内埋(架)设海底管线的区域,包括埋设海底油气管道、通信光(电)缆、输水管道及架设深海排污管道的区域
			7.2	石油平台区	指已建或规划近期建设海上石油平台的区域
			7.3	围海造地区	指规划近期内通过围海、填海新造陆地的区域
			7.4	海岸防护工程区	指已建或规划近期内建设为防范海浪、沿岸流的侵蚀,及台风、气旋和寒潮大风等自然灾害的侵袭的功能海岸防护工程的区域
			7.5	跨海桥梁区	指已建或规划近期内建设跨海桥梁的区域
			7.6	其他工程用海区	指已建或规划近期内建设其他工程的区域

一级类			二级类		
代码	名称	含义	代码	名称	含义
8	海洋保护区	海洋保护区是指为了一定的保护目的而划定的海岸、海岛和海域，分为海洋自然保护区和海洋特别保护区	8.1	海洋自然保护区	指为保护珍稀、涉危海洋生物物种、经济生物物种及其栖息地以及有重大科学、文化和景观价值的海洋自然景观、自然生态系统和历史遗迹和非生物资源三种类别海洋自然保护区，海洋自然保护区类型划分和选划标准按 GB/T17504－1998 的相关要求执行
			8.2	海洋特别保护区	指具有特殊地理条件、生态系统、生物与非生物资源及海洋开发利用特殊需要的区域
9	特殊利用区	指满足科研、军事、陆源排污、倾倒疏浚物和废弃物等待定用途需要划定的海域	9.1	科学研究试验区	指具有特定的自然条件和生态环境，用于试验、观察和示范等科学研究的区域
			9.2	军事区	专指由于军事需要、现已使用或者在区划的有效时段内随着军事发展预期需要占用的陆域、岸段、水域
			9.3	排污区	指经当地人民政府批准在河口或直排口附近海域划出一定范围用以受纳指定污水的区域
			9.4	倾倒区	指用来倾倒疏浚物或固体废弃物的海区
10	保留区	指目前尚未开发利用，且在区划期限内也不能开发利用的海域	10.1	保留区	

（2）2012 年区划八类二级分类体系

2012 年 3 月 3 日，国务院批准了《全国海洋功能区划（2011 年～2020 年）》（以下简称《区划》），这是继 2011 年国家"十二五"规划提出"推进海洋经济发展"战略后，国家依据《海洋环境保护法》、《海域使用管理法》等法律法规和国家有关海洋开发保护的方针、政策,对我国管辖海域未来 10 年的开发利用和环境保护做出的全面部署和具体安排。《区划》期限为 2011 年~2020 年,范围为我国的内水、领海、毗连区、专属经济区、大陆架以及管辖的其他海域,由国家海洋局会同有关部门和沿海 11 个省、自治区、直辖市人民政府编制。[62]

表 3-3 海洋功能区划的八类二级分类体系及主要分布

一级类	含义	二级类	主要分布
1 农渔业区	农渔业区是指适于拓展农业发展空间和开发海洋生物资源,可供农业围垦,渔港和育苗场等渔业基础设施建设、海水增养殖和捕捞生产,以及重要渔业品种养护的海域	1.1 农业围垦区	江苏、上海、浙江及福建沿海
		1.2 养殖区	黄海北部、长山群岛周边、辽东湾北部、冀东、黄河口至莱州湾、烟(台)威(海)近海、海州湾、江苏辐射沙洲、舟山群岛、闽浙沿海、粤东、粤西、北部湾、海南岛周边等海域
		1.3 增殖区	
		1.4 捕捞区	渤海、舟山、石岛、吕泗、闽东、闽外、闽中、闽南—台湾浅滩、珠江口、北部湾及东沙、西沙、中沙、南沙等渔场
		1.5 水产种质资源保护区	双台子河口、莱州湾、黄河口、海州湾、乐清湾、官井洋、海陵湾、北部湾、东海陆架区、西沙附近等海域
		1.6 渔业基础设施区	国家中心渔港、一级渔港和远洋渔业基地
2 港口航运区	港口航运区是指适于开发利用港口航运资源,可供港口、航道和锚地建设的海域,包括港口区、航道区和锚地区	2.1 港口区	大连港、营口港、秦皇岛港、唐山港、天津港、烟台港、青岛港、日照港、连云港港、南通港、上海港、宁波—舟山港、温州港、福州港、厦门港、汕头港、深圳港、广州港、珠海港、湛江港、海口港、北部湾港等
		2.2 航道区	渤海海峡(包括老铁山水道、长山水道等)、成山头附近海域、长江口、舟山群岛海域、台湾海峡、珠江口、琼州海峡等
		2.3 锚地区	重点港口和重要航运水道周边邻近海域

一级类	含义	二级类	主要分布
3 工业与城镇用海区	指适于发展临海工业与滨海城镇的海域，包括工业用海区和城镇用海区	3.1 工业用海区	沿海大、中城市和重要港口毗邻海域
		3.2 城镇用海区	
4 矿产与能源区	指适于开发利用矿产资源与海上能源，可供油气和固体矿产等勘探、开采作业，以及盐田和可再生能源等开发利用的海域，包括油气区、固体矿产区、盐田区和可再生能源区。	4.1 油气区	渤海湾盆地(海上)、北黄海盆地、南黄海盆地、东海盆地、台西盆地、台西南盆地、珠江口盆地、琼东南盆地、莺歌海盆地、北部湾盆地、南海南部沉积盆地等油气资源富集的海域
		4.2 固体矿产区	
		4.3 盐田区	辽东湾、长芦、莱州湾、淮北等盐业产区
		4.4 可再生能源区	浙江、福建和广东等近海重点潮汐能区，福建、广东、海南和山东沿海的波浪能区，浙江舟山群岛(龟山水道)、辽宁大三山岛、福建崳山岛和海坛岛海域的潮流能区，西沙群岛附近海域的温差能区，以及海岸和近海风能分布区
5 旅游休闲娱乐区	指适于开发利用滨海和海上旅游资源，可供旅游景区开发和海上文体娱乐活动场所建设的海域。包括风景旅游区和文体休闲娱乐区。	5.1 风景旅游区	沿海国家级风景名胜区、国家级旅游度假区、国家 5A 级旅游景区、国家级地质公园、国家级森林公园等的毗邻海域及其他旅游资源丰富的海域
		5.2 文体休闲娱乐区	
6 海洋保护区	指专供海洋资源、环境和生态保护的海域，包括海洋自然保护区、海洋特别保护区。	6.1 海洋自然保护区	鸭绿江口、辽东半岛西部、双台子河口、渤海湾、黄河口、山东半岛东部、苏北、长江口、杭州湾、舟山群岛、浙闽沿岸、珠江口、雷州半岛、北部湾、海南岛周边等邻近海域
		6.2 海洋特别保护区	

一级类	含义	二级类	主要分布
7 特殊利用区	特殊利用区是指供其他特殊用途排他使用的海域。包括用于海底管线铺设、路桥建设、污水达标排放、倾倒等的特殊利用区。	7.1 军事区	——
		7.2 其他特殊利用区	
8 保留区	保留区是指为保留海域后备空间资源,专门划定的在区划期限内限制开发的海域。	8.1 保留区	由于经济社会因素暂时尚未开发利用或不宜明确基本功能的海域,限于科技手段等因素目前难以利用或不能利用的海域,以及从长远发展角度应当予以保留的海域

2. 分级体系

海洋功能区划从管理上分为国家级、省级、市(地区)级和县(市)级共 4 个层次,根据编制要求,各自体现以下特点。[63]

表 3 - 4　海洋功能区划分级体系

区划级别	特点
国家级区划	国家级区划是宏观型区划,是为贯彻《海洋环境保护法》、《海域使用管理法》及其他涉海法律法规而制定的政策性和规范性文件,其目的是为海域使用管理和海洋环境保护的宏观决策提供科学依据。该层次区划主要侧重在对国家重要资源的开发利用方向进行区域上的配置。
省级区划	省级区划主要还是宏观型区划,侧重对重点海域进行综合性的功能排序,但也设置部分规模较大或较重要的海洋功能区,体现这些海洋功能区的坐标位置和面积等。
市(地区)级和县(市)级区划	市(地区)级和县(市)级区划在形式和编制技术上具有相似性,都为管理型区划,是省级区划基础上的细划。市县级区划都有准确的地理单元和功能定位,有标识面积、坐标。

3.3　我国海域空间利用存在的主要问题

1. 海域空间利用时过分突出一种用海功能,重叠功能的关系未能充分体现。未能考虑到海洋的资源禀赋条件,将海洋空间利用具有兼容性的特点忽略。较少的考虑海域空间利用的客观性,没有考虑到海洋同土地一样也存在立体使用和多种用途并存的事实,以上观念影响了对海洋项目开发活动可操作性与适宜性的思考与创新。海洋功能具有多宜性,即同一海域可能存在两种以上相互兼容的功能,这些功能区的区划应考虑资源的重要性和优势性,突出其主导功能和保护管理功能。[64]虽然部门用海项目能体现用海兼容的原则,但在利用的广度和深度上还有很多亟待开发的空间。

2. 海域空间开发利用的规定不够细致,过分强调用海类型与功能区一致。海域空间利用既要根据经济和社会发展的需要,统筹安排各有关行业的用海,又要遵循海域的区位、自然资源和环境等自然属性。这样才能使海域空间的利用体现海域自然属性相对稳定而社会属性变化较快的特点。而目前我国海域空间利用过程中,海域使用着过多地考虑了功能区的范围和功能而忽略了上述诸多因素,不能按照准则兼顾海域的自然属性和社会属性原则,最终影响了海域空间的利用。在海域空间的利用过程中,以及用海范围一定要在对应的功能区范围之内,导致大量的存在兼容性的用海项目被排斥,与功能区存在出入的用海项目立体方案被否决,这就是海域空间利用的项目适应能力降低,无法考虑海域空间利用的动态特点。

3.4　我国充分利用海域空间的重要意义

目前我国大部分省级的海洋功能区划仅仅确定了海域的单一主导功能,未能列举海域的兼容功能。[65]项目用海与主导功能是否兼容目前仍然由海洋行政主管部门或技术人员经行判定,没有形成统一的判别标准,因此,海域空间层叠用海还没有在大范围内展开,海域空间的利用还不是很充分。在海洋功能区划的现有框架体系下,建立项目用海与海洋功能区划的符合性分析的原则和兼容性判定标准是非常必要和迫切的。

1. 有利于提高海洋空间和资源综合利用效益。对海域空间进行综合利用,依据海域和沿岸陆域自然条件、环境条件和经济发展的需要,合理地确定在一定的海域适宜做什么,能够做什么或者不适宜做什么,不能够做什么。区别不同的情况,划定为不同的功能区,根据其功能或功能顺序,确定海域的最佳利用,从而达到海域空间和资源利用的最佳效益。例如,为保证一定海域主导海洋产业有足够的发展空间,就可以根据该海域的主导功能把与海洋主导产业不协调的非主导产业向外转移,避免干扰主导产业的发展水平。再如,为了正确处理开发利用与治理保护的关系,可开发利用能健康发展,永续利用的各种治理保护区、自然保护区和各种保留区。这些都是为充分和合理利用海洋资源和空间,提高海域利用的综合效益服务的。

2. 有利于增强海域开发利用规划的全面性。海洋功能区划是指定海洋开发利用规划的基础,规划不能脱离区划,否则制定出来的规划就缺乏实现物质的基础。因此,海域开发利用规划应该举海洋功能区划的条件来制定。不仅直接利用海域的海水养殖、海洋盐业和海洋旅游业的发展规划应当符合海洋功能区划,城市规划、港口规划、沿海的土地利用规划等涉及海域使用的规划,也应当与海洋功能区划相衔接。对海域空间进行综合利用,增强海域区划的兼容性论证,综合立体地对海域空间进行利用可以提高海域开发利用规划的全面性、科学性和可行性。

3. 有利于提高海洋资源管理的综合水平和效率。海洋综合管理,特别是实施海域使用许可证制度,加强海洋环境保护工作,都离不开对海洋资源管理的综合水平的要求。在海洋功能区划中划定的海洋渔业捕捞区和养殖区、海洋石油勘探开发区、盐田区、海洋倾废区和排污区以及适于在海岸和海岛上建设的重大工程建设、港口建设、滩涂围垦、海底电缆和管道的铺设、海岛自然保护区的建立等功能区的使用范围和兼容利用范围,是这些海域使用管理中许可证审批和发送的科学依据。海域空间的综合使用,也能促进海洋资源管理水平的提升,提高我国海洋资源管理的综合水平和效率;而海洋综合管理可为环境影响评价及海岸带和海上新建开发项目的资源评估提供客观依据。

4. 有利于提升国家宏观调控海洋开发能力。我国的海洋开发利用,从单一开发逐步到综合开发转变,开发利用中的矛盾也日益突出,由于多头管理,各自为政,各行业管理部门之间的矛盾时有发生,各行业争占海域的问题也比较突出。有些部门和地区,由于只顾眼前利益,盲目过度地开发利用海洋资源,从而造成海洋资源的枯竭,海洋环境和生态遭到破坏。对海域进行综合利用,加强对兼容海域的区划管理,从海洋开发利用的整体利益和长远利益出发,综合平衡部门和行业的利益,协调解决部门之间和行业之间的矛盾,达到合理开发利用海域资源,促进海洋经济持续、稳定和协调发展。

第四章

海域空间功能定位与利用形式

4.1 海域空间资源的立体分布特征

我国海域空间包括我国的内水和领海,从海岸线开始到领海外部界限,面积约 38 万平方公里。垂直方向——分为水面、水体、海床和底土四个部分。使用特定海域:水面、水体、海床和底土。如电缆管道虽只占用底土,但也属于海域使用的一种类型。使用非偶尔进入而是一个固定海域,例如船只在公用航道航行就不是海域使用;使用海域的时间在三个月以上且具有连续性;[66]只要此项利用发生后,在此海域中不能有其他的固定开发利用活动,即特定的开发利用活动具有排他性。空间资源的立体分布特征主要如下:

1. 三维管理特征

我国现有的海洋功能区划在平面开发上还未达到较为成熟的阶段,但沿海局部经济发达地区,资源与需求的矛盾日益突出,尤其是发达地区的海湾和河口,可以说是海洋功能的应用已经接近饱和,这样的地区是否可以考虑纵向上的海洋立体开发。国外有学者指出海籍的三维管理模式,这种观点的提出主要基于海洋资源的宝贵,资源必须进行合理有效和可持续的开发,而现在的人类开发利用方式是可持续性的。三维管理模式认为海洋最重要的一点是被作为一种资源看待,但海洋的环境以及应用是一个空间的概念,包括水体表面、水体、海底及底土多部分组成。是否能借鉴国外的三维管理的思路,将部分现有功能定位进行主导功能、限制功能和禁止功能分类,这样划分既指出了海域的优势资源开发方向,同时对某类功能进行了限制甚至是禁止,综合的划分有利于灵活的伸缩式海洋管理。

2. 立体分布特征

海洋空间区域一般都是综合的海洋资源开发区,均与沿海陆地有着各方面的联系,不能简单理解为陆地点状经济区或现状经济区的形态。例如有的海域空间,同时是石油气开发区、航运港口开发区,还在一定程度上承担着海洋旅游的任务。海洋资源的多样性导致该海域与陆地上的渔业、航运业、油气和旅游业形成了多个依存关系,同毗邻陆地一起,构成了立体综合的产业经济区。因此该产业经济区不能用一个简单的平面区域范围来表示,因为经济区之内的一些开发活动是在该区域之外进行的。例如远洋渔业和国际航运,都是以该经济区为核心,但是辐射范围都不在经济区之内。因此,我国的海域空间资源具有立体分布的特征。

3. 因地制宜特征

海洋空间具有立体性而且只要同一片海域可以兼容多种用途就可以用于不同的目的。海洋空间规划可以分为海底、海水、海面、底土四个层次。这样同一片海域就可以为不用的目的所利用,而时间尺度应该是第五个层次,因为同一时间段内同一块地方可以兼有多种用途,而且一个地方的管理需求会随时间而改变。海洋空间规划应该根据现有开发活动以及它们对环境的影响来指定具体的海洋空间管理措施。尤其对于开发强度更高或者生态环境特别脆弱的地方来讲,应该指定一份更详尽具体,更规范的海洋空间规划。这样不仅可以用于管理现在的开发活动,还可以指导未来的发展方向。

4.2 海区划分与海域空间的功能定位

4.2.1 我国海区划分现状

"海洋国土"不仅包括"管辖海域"的区域概念,还包括自然资源的内容,即海洋空间资源、海水资源、海洋生物和非生物资源、海洋环境气候资源、海洋文化遗产资源等等。我国邻接渤海、黄海、东海和南海四大海区,自然地理面积总共为470多万平方公里,但我国多数海区与周边国家的海域界线没有划定,也就是说,我国管辖海域的面积目前还处于不确定状态。[67]根据《联合国海洋法公约》确定的原则,我国"海洋国土"面积大约300万平方公里,这仅仅是估算,我国"海洋国土"确切范围和准确面积,还需要通过外交途径,与有关周边国家划定海域界限后才能最终确定。我国的海区主要分为渤海、黄海、东海和南海四大海区。

表4-1　渤海、黄海、东海、南海的面积和深度表

海区	渤海	黄海	东海	南海
面积	77000	380000	770000	3500000
平均深度 m	18	44	349	1100
最大深度 m	80	103	2717	5567

1. 渤海。渤海是半封闭性内海,大陆海岸线从老铁山角至蓬莱角,长约2700公里,海域面积约7.7万平方公里。渤海是环渤海地区经济社会发展和北方地区对外开放的海上门户的重要支撑。海区开发利用强度大,水生生物资源衰竭和环境污染问题突出。沿海地区包括辽宁省(部分)、河北省、天津市和山东省(部分)。

2. 黄海。黄海海岸线北起辽宁鸭绿江口,南至江苏启东角,大陆海岸线长约4000公里。黄海为半封闭的大陆架浅海,自然海域面积约38万平方公里。沿海海岸地貌景观多样,优良基岩港湾众多,是我国北方滨海城镇宜居与旅游休闲的主要区域。海洋生态系统多样,淤涨型滩涂辽阔,生物区系独特,是国际优先保护的海洋生态区之一。沿海地区包括辽宁省(部分)、山东省(部分)和江苏省。

3. 东海。东海海岸线北起江苏启东角,南至福建诏安铁炉港,大陆海岸线长约5700公里,自然海域面积约77万平方公里。东海面向太平洋,战略地位重要,港湾、岛屿众多,海岸曲折,生态系统多样性显著,滨海湿地资源丰富,是我国海洋生产力最高的海域。沿海地区包括江苏省部分地区、上海市、浙江省和福建省。

4. 南海。南海大陆海岸线北起福建诏安铁炉港,南至广西北仑河口,大陆海岸线长5800多公里,自然海域面积约350万平方公里。南海具有丰富的海洋油气矿产资源、滨海和海岛旅游资源、海洋能资源、港口航运资源、独特的热带亚热带生物资源,同时也是我国最重要的海岛和红树林、珊瑚礁、海草床等热带生态系统

分布区。南海北部沿岸海域,特别是河口、海湾海域,是传统经济鱼类的重要索饵场和产卵场。沿海地区包括广东、广西和海南三省。

4.2.2 《联合国海洋法公约》与领海制度

在 1982 年《联合国海洋法公约》的体制下,沿海国内领海基线(包括正常基线或直线基线)向海量起,可以主张 12 海里的领海,24 海里的毗邻区、200 海里的专属经济区,以及依其陆地领土自然延伸到大陆坡外缘的大陆架,而领海基线向陆一侧划起,至陆地领土之间属于为该国内水。沿海国对各种海域范围有不同的管辖权如下:

1. 内水:内水是一国领土的一部分,沿海国对其内水有完全之司法管辖权,外国船只只在领海中允许的无害通过权在内水中是不允许的。

2. 领海:依照海洋法公约的规定,领海基线向海 12 海里的海域为该国之领海范围,沿海国的国家主权及于领海,因此理论上可以对其实施完整的管辖行为,但海洋法公约亦允许外国船只在领海中享有无害通过的权利,并针对沿海国对其领海之内立法管辖权与执法管辖权,均有一定程度的限制。

3. 毗邻区:领海基线向海 24 海里的海域,排除领海的范围是为毗邻区,在毗邻区中,沿海国可针对防止或惩治在其领土或领海内违犯关于海关、财政、卫生管理与移民方面的法律规章,而拥有有限的执法权利。

4. 专属经济区:该区域从测量领海宽度的基线量起不超过 200 海里,是领海以外并邻接领海的一个区域。在专属经济区范围内,沿海国拥有勘探、开发、养护和管理海床上覆水域和海底及其底土的自然资源的主权权利,以及关于在该区内从事经济性开发和勘探的主权权力。

5. 大陆架。大陆架的宽度是从领海基线量起的 200 海里,是指领海以外依其陆地领土的全部自然延伸,扩展到大陆边外缘的海底区域的海床和底土。但在大陆架确实超出这一范围的情况下,各国可以按照以大陆架上沉积岩厚度为基础的特别规定,要求直至 350 海里的管辖权。[68]沿海国仅对其中之海床和底土的矿物、其他非生物资源以及属于定居种的生物拥有主权权利,即如果沿海国不开发或勘探其自然资源,任何人在未经沿海国明示同意的前提下,均不得从事开发或勘探活动。

6. 公海:是指各国内水、领海、群岛水域和专属经济区外,不受任何国家主权支配和管辖的全部海域。公海法律制度的核心和基础是公海自由,具体包括上空飞越自由、航行资源、捕鱼自由、铺设海底电缆和管道自由、建造国际法所允许的人工岛屿和其他设施的自由和科学研究的自由。

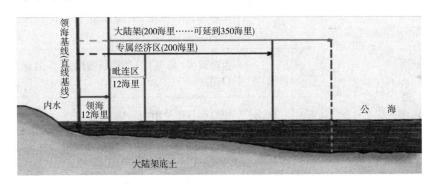

图 4-1　领海制度示意图

4.2.3　我国海籍管理分类与功能定位

我国海域确权管理的海域使用类型,包括海水养殖、海上交通、旅游娱乐、油气开发、固体矿产开采、盐业、电缆管道、排污倾废、修造拆船、填海、围海、公益事业、其他13类。海籍管理分为9个一级类,25个二级类。具体分类情况与功能定位可见下表:

表 4-2　海籍管理分类与功能定位

一级类			二级类		
代码	名称	功能定位	代码	名称	功能定位
1	渔业用海	为开发利用渔业资源、开展海洋渔业生产所使用的海域	1.1	渔港	渔船停靠、进行装卸作业和避风所使用的区域
			1.2	渔船修造	渔船修造业所使用的区域
			1.3	工厂化养殖	采用现代技术、在半自动或全自动系统中高密度养殖(包括苗种繁殖)优质海产品所使用的区域
			1.4	池塘养殖	围海筑塘养殖所使用的区域
			1.5	设施养殖	阀式养殖、网箱养殖所使用的区域
			1.6	底播养殖	人工投苗或自然增殖海洋底栖生物所使用的区域

一级类			二级类		
代码	名称	功能定位	代码	名称	功能定位
2	交通运输用海	为满足港口、航运、路桥等交通需要所使用的海域	2.1	港口工程	大中型港口突堤、引堤、防波堤等工程使用的海域
			2.2	港地	由防波堤（外堤）或防浪板等设施等围成的港口用海
			2.3	航道	船只航行所使用的海域
			2.4	锚地	船舶候湖、代泊、联检、避风或进行水上装卸作业所使用的海域
			2.5	路桥用海	建设跨海桥梁、公路以及交通为主要目的堤坝、栈桥等所使用的海域
3	工矿用海	开展工业生产及勘探开采矿产资源所使用的海域	3.1	盐业用海	盐田及其取水口所使用的海域
			3.2	临海工业用海	修造船厂、临海而建的电站（厂）、加工厂、化工厂等为满足生产需要所使用的海域，其中包含所属取水口和温排水用海等。
			3.3	固体矿产开采用海	开采固体矿产及除油气以外的其他种类矿产所使用的海域
			3.4	油气开采用海	开采油气资源所使用的海域，如石油平台用海等
4	旅游娱乐用海	开发利用滨海和海上旅游资源，开展海上娱乐活动所使用的海域	4.1	旅游基础设施用海	用于建设景观建筑、宾馆饭店、旅游平台等旅游设施的海域
			4.2	海水浴场	专供游人游泳、嬉水的海域
			4.3	海上娱乐用海	开展快艇、帆板、冲浪等海上娱乐活动所使用的海域

一级类			二级类		
代码	名称	功能定位	代码	名称	功能定位
5	海底工程用海	建设海底工程设施所使用的海域	5.1	电缆管道用海	埋(架)设海底油气管道、通信光(电)缆、输水管道及深海排污管道等海底管线所使用的海域
			5.2	海底隧道用海	建设海底隧道及附属设施所使用的海域
			5.3	海底仓储用海	建设海底仓储设施所使用的海域
6	排污倾倒用海	用来排放污水和倾废的海域	6.1	污水排放用海	受纳指定污水所使用的区域
			6.2	废物倾倒用海	倾倒疏浚物或固体废弃物所使用的海域
7	围海造地用海	在沿海筑堤围割滩涂和港湾并填成土地的工程用海	7.1	港口建设用海	在沿海筑堤围割滩涂和港湾,并填成土地用于港口建设的工程用海
			7.2	城镇建设用海	在沿海筑堤围割滩涂和港湾,并填成土地用于城镇建设的工程用海
			7.3	围垦用海	在沿海筑堤围割滩涂和港湾,并填成土地用于农林牧业的工程用海
8	特殊用海	用于科研教学、军事、自然保护区、海岸防护工程等用途的海域	8.1	科研教学用海	专门用于科学研究、试验和教学活动的海域
			8.2	军事设施用海	军事设施包括部队机关、营房、军用工厂、仓库和其他军事设施所使用的海域
			8.3	保护区用海	各类涉海自然保护区所使用的海域
			8.4	海岸防护工程用海	建造为防范海浪、沿岸流的侵蚀及台风、气旋和寒潮大风等自然灾害侵袭的海岸防护工程所使用的海域
9	其他用海	上述用海类型以外的用海		其他	上述用海类型以外的用海

4.3　海域空间利用的主要形式与特点

4.3.1　渔业用海

渔业用海构筑堤坝围海洋养殖,改变了海域的自然属性,在一定程度上使工程附近海域潮流场发生改变,打破了沿岸区泥沙平衡,造成工程毗邻海岸发生蚀退和淤积。网箱等水产养殖用海,因网箱密布和消浪作用,不仅对水体交换产生影响,同时也改变着海底沉积物的类型。为了保证养殖品种的质量,渔业用海不仅对海水、沉积物质量要求较高,而且要求海域水流通畅,饵料丰富,气候、水温、地形地貌及底质也都要适于养殖品种的生长。

4.3.2　交通运输用海

1. 港口工程用海

港口工程用海,一般其用海面积大,水深较急,建造的固定建筑物多,将显著改变相关海域的水动力条件(如海域潮流场和波浪场的变化),从而导致沿岸泥沙输移的变化和岸线变形。所以要求海域一般具备适宜的水深、泊稳、地基等条件。航道、锚地等无构(建)筑物用海需要考虑水深地形、航道轴线与强流、强浪方向的关系、锚地底质、泊稳和乘潮条件等因素。航道、港池疏浚、码头基床开挖、围堰与防波堤开工等港口工程建设的基本内容,将会导致海底泥沙的搅动,造成悬浮泥沙的扩散。港口施工过程中,生产和生活污水的排放还将引起一定范围内海洋环境质量的下降。

2. 路桥工程用海

路桥工程用海中跨海桥梁和索道等构筑物的建设要求海底土地稳定,无显著的灾害地质因素,在环境荷载、结构荷载、可变荷载的作用下具有稳定的地基条件。跨海桥梁和索道等构筑物由于具有一定的跨度,较少阻挡沿岸水动力和泥沙输运;其墩柱截面积较小,仅在局部范围内改变海流流场,而对区域流场的影响较小。跨海桥梁和索道在施工阶段引起的泥沙搅动、废水排放、妨碍航运等,并对海域资源环境和其他用海活动产生一定的影响。波浪作用以及构筑物阻挡海流造成的涡流会引起墩柱周围的海底冲刷淘空。

4.3.3 工矿工程用海

工矿工程项目用海一般要求远离人口密集的居民区、旅游区、海水养殖区和对水质环境敏感的相关用海产业。

1. 盐业用海

盐业用海限于滩涂和近岸浅水域,属于海水利用工业。该类用海要求海水盐度高、海洋动力弱、海水水质好、周边无污染等,海水储存池、晒盐池等地基要求为渗透性差的黏性土,土中有机质含量低。盐业用海一般不会造成岸线及海底地形发生大的蚀淤变化。海水储存池和晒盐池的建设可改变原有生态系统、影响滩涂植被正常生长,当高盐度海水渗漏,可导致地下水盐度增大或海水入侵。

2. 修造船工程用海

修造船工程用海特点与港口用海相似,但船坞工程建设不仅要求海域具有良好的泊稳条件、地基强度与稳定性,还要有良好的地层隔水性。修造船工程用海对环境资源的影响基本等同于港口工程用海。

3. 临海工业用海

临海工业用海形式较多,主要有建造围填海堤坝、取排水管线和取排水口、堆场、储罐及其他建筑等用海。近年来,石油、化工、钢铁、热电等临海工业发展迅速,是有化工类储存罐及其运输管道、设施许多建设在滩海地区。临海工业用海除了生产废水排放对海域资源环境的影响外,最显著的特点是石油、化工等项目用海存在有事故风险。一旦石油化工原料泄露、火灾、爆炸,将可损害或影响海洋生态环境及周边利益相关者,造成重大的经济损失。

以海水作为冷却水的热电厂取水口要求设置在海水清澈、低悬浮物、水体交换较好、温排水温度扩散范围以外的海域。取水口附近易形成水流涡漩,导致局部范围流场特性的改变,温排水造成周围海水水温的升高。热电厂的灰场是滨海地区大气粉尘污染的重要物源,其粉尘除了随空气流动飘散它处,还会降落到海水中。

4. 矿产开采用海

海砂开采要求海底沉积物砂含量、粒径符合其使用要求。由于直接采取海底砂，导致海底地形地貌和底土性质发生变形，改变水深和水动力条件，损害底栖生物及其生存环境。海沙开采过程中会导致悬浮泥沙扩散，影响海水水质、生物资源和水产养殖。近岸采砂可能引发岸滩侵蚀。

5. 油气开采用海

油气开采工程用海的固定式平台构筑物对海域环境条件的要求和影响基本同于跨海桥梁和索道等构筑物。移动式平台移走后会使海底形成洞穴，造成海底地形变化和局部地基的不均匀性，其用海存在井喷、溢油等事故风险。

4.3.4　旅游娱乐用海

我国旅游娱乐用海多在海湾等水动力较弱的近岸或壁障海域，海水浴场、水上运动、水下运动都要求波浪作用弱；水下旅游项目中的潜水、潜艇观光等还要求海水清澈，流速较小；配套的游艇码头、栈桥码头、浮码头、潜水平台等要求有良好的泊稳条件以及布置合理的水域。旅游娱乐用海要考虑日照时间、风速、气温、水温、海流、潮差、海底地形坡度、有无礁石和障碍物、有无鲨鱼等安全和舒适条件，同时需考虑海水污染物含量、细菌和卫生防疫要求，要求海滩沉积物质量良好，包括地质粒径、海滩宽度和坡度等。

4.3.5　其他用海

1. 海底工程用海

海底管线荷载小，虽然对海底地层强度无严格要求，但要求海底地形平缓，无礁石、沉船等障碍物，底质均匀。影响海底管线安全的主要因素是海洋水动力环境、工程地质灾害因素。海底管线铺设会部分改变底土性质，引起海底蚀淤，管线路由与锚地及其他海洋构筑物用海相互排他。同时，存在管线断裂、溢油等事故风险。海底隧道在施工阶段可发生包括施工废水、废油、粉尘以及沉管施工搅动泥沙的悬浮扩散。

2. 排污倾倒用海

该类用海需要选择水深较深，流速较急，污染物易向外海迅速扩散的开放海域。由于排放的污水和倾倒的废物随潮流和潮汐变化在一定范围内发生沉积和扩散,因此,倾倒区和污水排放口要远离生态敏感区。[69]

3. 围海造地用海

该类用海中城镇建设围海造地用海特点可借鉴于交通运输用海或工矿用海特点,围垦用海中筑堤与交通运输用海的防波堤、围堰用海类似。

4. 特殊用海

特殊用海由于类型多样,其用海特点因科研教学、军事、自然保护区、防岸工程的不同而有所差异,论证时应视具体情况而定。

4.4　海域空间分层和重叠利用的形式

在处理多功能叠加关系时,国内有的省份把海洋特定区域的功能重叠分为:依赖性功能重叠、互补性功能重叠、兼容性功能重叠、互损性功能重叠、排他性功能重叠等。以港口用海和渔业用海为例,总结港口用海、渔业用海一致的海域使用类型、兼容的海域使用类型、有条件兼容的海域使用类型和不兼容的海域使用类型,如下表所示:

表 4-3　海洋特定区域的功能重叠情况表

层叠用海区域	一致的海域使用类型	兼容的海域使用类型	有条件兼容的海域使用类型	不兼容的海域使用类型
渔业基础设施区	渔业基础设施用海	围海养殖、开放式养殖、科研教学、军事、海洋保护区和海岸防护工程用海	人工鱼礁、盐业、固体矿产开采、油气开采、船舶工业、电力工业、海水综合利用、其他工业、港口、航道、锚地、路桥、旅游基础设施、浴场和游乐场用海	污水达标排放、倾倒区、城镇建设填海造地和废弃物处置填海造地用海
养殖区	围海养殖、开放式养殖和人工鱼礁用海	科研教学、军事、海洋保护区和海岸防护工程用海		

层叠用海区域	一致的海域使用类型	兼容的海域使用类型	有条件兼容的海域使用类型	不兼容的海域使用类型
增殖区	人工鱼礁用海	开放式养殖、科研教学、军事、海洋保护区和海岸防护工程用海	渔业基础设施、围海养殖、路桥、旅游基础设施、浴场和游乐场用海	盐业、固体矿产开采、油气开采、船舶工业、电力工业、海水综合利用、其他工业、港口、航道、锚地、电缆管道、海底隧道、海底场馆、污水达标排放、倾倒区、城镇建设填海造地、农业填海造地和废弃物处置填海造地用海。
捕捞区	—	渔业基础设施、围海养殖、开放式养殖、人工鱼礁、科研教学、军事、海洋保护区和海岸防护工程用海	路桥、旅游基础设施、浴场和游乐场用海	
重要渔业品种养护区	—	海洋保护区	围海养殖、开放式养殖、人工鱼礁、科研教学、军事和海岸防护工程用海	渔业基础设施、盐业、固体矿产开采、油气开采、船舶工业、电力工业、海水综合利用、其他工业、港口、航道、锚地、路桥、旅游基础设施、浴场、游乐场、电缆管道、海底隧道、海底场馆、污水达标排放、倾倒区、城镇建设填海造地、农业填海造地和废弃物处置填海造地用海
港口区	港口用海	渔业基础设施、围海养殖、开放式养殖、航道、锚地、浴场、游乐场、电缆管道、海底隧道、科研教学、军事、海洋保护区和海岸防护工程用海	人工鱼礁、盐业、固体矿产开采、油气开采、船舶工业、电力工业、海水综合利用、其他工业、路桥和旅游基础设施用海	海底场馆、污水达标排放、倾倒区、城镇建设填海造地、农业填海造地和废弃物处置填海造地用海

　　从海洋特定区域的功能重叠情况表可以看出,最为常见的海域分层和重叠利用的主要形式有盐田养殖混合区、油盐混合区、泄洪和盐田混合区、油气种植混合区、旅游开发和自然保护混合区和增养殖混合区等,各种形式的主导功能如下表所示:

表4-4　层叠利用方式及主导功能

层叠利用方式	主导功能
盐田养殖混合区	盐田
油盐混合区	油气
泄洪、盐田混合区	泄洪
油气种植混合区	油气田
旅游开发和自然保护混合区	自然保护
增养殖混合区	增殖

　　具体的海域空间层叠利用形式对照用海项目兼容性一览表4-5。从表中可以看到,层叠用海均可以在对照表中查找对应的类型,判断一致、兼容和有条件兼容的海域使用活动,区划管理者可以依据区划确定的功能区功能进行海域使用审批和管理,也可以改变海洋立体功能区的基本功能,按照允许改变海洋属性的程度和海域使用类型对海洋属性改变程度,以及主要用海项目之间的相互影响,进行海域使用审批管理。

表 4 - 5　用海项目兼容性一览表[70]

用海项目	农业围垦区	渔业基础设施区	养殖区	增殖区	捕捞区	重要渔业品种养护区	港口区	航道区
渔业基础设施用海	○	√	●	●	○	×	○	×
围海养殖用海	○	○	√	●	○	●	○	○
开放式养殖用海	○	○	√	○	○	●	○	○
人工渔礁用海	○	●	√	√	○	●	○	×
盐业用海	○	●	×	×	×	×	●	●
固体矿产开采用海	○	●	×	×	×	×	●	●
油气开采用海	○	●	×	×	×	×	●	●
船舶工业用海	○	●	×	×	×	×	●	●
电力工业用海	○	●	×	×	×	×	●	●
海水综合利用用海	○	●	×	×	×	×	●	●
其他工业用海	○	●	×	×	×	×	●	●
港口用海	○	●	×	×	×	×	√	●
航道用海	○	●	×	×	×	×	○	√
锚地用海	○	●	×	×	×	×	○	○
路桥用海	○	●	●	●	●	×	○	○
旅游基础设施用海	○	●	●	●	●	×	●	●
浴场用海	○	●	●	●	●	×	○	○
游乐场用海	○	●	●	●	●	×	○	○
电缆管道用海	○	×	×	×	×	×	○	○
海底隧道用海	○	×	×	×	×	×	×	×
海底仓储用海	○	×	×	×	×	×	×	×
污水达标排放用海	×	×	×	×	×	×	×	×
倾倒区用海	×	×	×	×	×	×	×	×
城镇建设填海造地用海	×	×	×	×	×	×	×	×
农业填海造地用海	√	×	×	×	×	×	×	×
废弃物处置填海造地用海	×	×	×	×	×	×	×	×
科研教学用海	○	○	○	○	○	●	○	○
军事用海	○	○	○	○	○	●	○	○
海洋保护区用海	○	○	○	○	○	○	○	○
海岸防护工程用海	○	○	○	○	○	●	○	○

续表

	渔业基础设施用海	围海养殖用海	开放式养殖用海	人工渔礁用海	盐业用海	固体矿产开采用海	油气开采用海	船舶工业用海	电力工业用海	海水综合利用用海	其他工业用海	港口用海	航道用海	锚地用海	路桥用海	旅游基础设施用海	浴场用海	游乐场用海	电缆管道用海	海底隧道用海	海底场馆用海	污水达标排放用海	倾倒区用海	城镇建设填海造地用海	农业填海造地用海	废弃物处置填海造地用海	科研教学用海	军事用海	海洋保护区用海	海岸防护工程用海
锚地区	○	○	○	×	●	●	●	●	●	●	●	○	○	√	●	●	○	○	○	○	×	×	×	×	×	×	○	○	○	○
工业建设区	○	○	○	○	○	○	○	○	○	○	○	○	○	○	○	○	○	○	○	○	×	×	×	○	×	○	○	○	○	○
城镇建设区	○	○	○	○	○	○	○	○	○	○	○	○	○	○	○	○	○	○	○	○	×	×	×	√	×	√	○	○	○	○
油气区	○	○	○	●	○	○	○	○	○	○	○	○	○	○	●	●	○	○	○	○	×	×	×	×	×	×	○	○	○	○
固体矿产区	○	○	○	●	○	√	○	○	○	○	○	○	○	○	●	●	○	○	○	○	×	×	×	×	×	×	○	○	○	○
盐田区	●	○	○	○	√	●	●	●	●	●	●	●	●	●	●	●	○	○	○	○	×	×	×	×	×	×	○	○	○	○
可再生能源区	●	○	○	●	●	●	●	●	●	●	●	●	●	●	●	●	○	○	○	○	×	×	×	×	×	×	○	○	○	○

续表

用海类型	风景旅游区	文体娱乐区	海洋自然保护区	海洋特别保护区	军事区	其他特别利用区	保留区
海岸防护工程用海	○	○	●	●	●	∨	●
海洋保护区用海	○	○	∨	∨	●	○	○
军事用海	○	○	●	●	∨	○	○
科研教学用海	○	○	●	●	×	∨	○
废弃物处置填海造地用海	×	×	×	×	×	×	×
农业填海造地用海	×	×	×	×	×	×	×
城镇建设填海造地用海	×	×	×	×	×	×	×
倾倒区用海	×	×	×	×	×	∨	×
污水达标排放用海	×	×	×	×	×	∨	×
海底场馆用海	●	○	×	×	×	●	×
海底隧道用海	●	○	×	×	×	●	×
电缆管道用海	○	○	×	×	×	●	×
游乐场用海	○	○	×	×	×	●	×
浴场用海	○	○	×	×	×	●	×
旅游基础设施用海	●	●	×	×	×	●	×
路桥用海	●	●	×	×	×	●	×
锚地用海	×	×	×	×	×	●	×
航道用海	×	×	×	×	×	●	×
港口用海	×	×	×	×	×	●	×
其他工业用海	×	×	×	×	×	●	×
海水综合利用用海	×	×	×	×	×	●	×
电力工业用海	×	×	×	×	×	●	×
船舶工业用海	×	×	×	×	×	●	×
油气开采用海	×	×	×	×	×	●	×
固体矿产开采用海	×	×	×	×	×	●	×
盐业用海	×	×	×	×	×	●	×
人工渔礁用海	×	●	×	●	×	●	×
开放式养殖用海	○	○	×	●	×	●	×
围海养殖用海	●	○	×	×	×	●	×
渔业基础设施用海	●	●	×	×	×	●	×

注：∨一致；○兼容；●有条件兼容；×不符合。

72

第五章

海域空间层叠利用的机理

5.1 海域空间层叠利用的内涵与特征

5.1.1 海域空间层叠利用的内涵

在诸多用海项目中,海水养殖区和增殖区、港口区和工业、自然保护区和旅游开发区、港口区和旅游开发区等功能之间存在互利的关系,功能区划时会出现重叠交叉现象,如自然保护区,除核心区外,在一些缓冲区或实验区范围内适当开发旅游活动,不仅有利于自然保护区的建设,而且可为旅游者增添观赏大自然的情趣,增加他们旅游活动的知识性,还可为自然保护区产生经济效益,从而能发挥更大的社会效益,它们之间是互利关系。因此,以上诸类用海项目是可以在同一个空间共存的。海域空间层叠利用主要有以下的内涵。

1. 层叠用海强调用海项目的合理布局。海域可以通过合理的层叠布局来提高海域的综合集约利用水平,主要做法是在布局上改变传统的分散用海的形式,在适合的海域集中进行适度规模开发,同时在结构上改变粗放用海的形式,从单位岸线和用海面积两个方面提高投资强度。实现占用最少的岸线和海域,实现用海方式的根本性改变,从而调整海洋生产力布局,实现最大的经济效益目标。在合理的层叠利用情况下,海域的产出水平将有所提高。海域空间层叠利用非常强调用海项目的合理布局,其本质是强调用海的混合性,充分发挥实现经济效益与社会效益并重的层叠用海的目标,提高海域的综合价值。每个层叠用海区都是一个海洋或临海具体特色产业集聚区,可以大大扩展海域的使用与发展空间。

2. 层叠用海强调主导功能对整体海域的带动。海洋空间和所依托陆域往往具有开发利用和保护治理的广宜性,所以仅根据区域的自然属性划定功能区,会产生不同性质的功能区密集而又多层次的重叠问题。既有不一致性、相互间有不利影响的功能区重叠问题,又有一致性、相互间没有不利影响的功能区的重叠问题。按照自然属性划定的功能区出现重叠时,有些重叠产业不仅相互无干扰,而且还有助于发挥综合效益,可划分为层叠利用,再根据区划原则列出各种功能的优先次序。海域的层叠利用不能仅局限于某个海域单元,需要更多地强调主导功能在促进海域投入产出方面的贡献。用海结构和功能布局在提高海域集约利用方面有重大的作用,海域层叠利用的评价指标体系需要将海域使用类型和布局纳入评价指标体系中,有必要探究海域单元各类生产要素如何有效地相互匹配,从而提高单位海域上可变要素的投入水平、产出水平及用海效益。[71]

5.1.2　海域空间层叠利用的特征

1. 综合性。即整体性或总体性。海域空间层叠利用针对的是整个用海单元,关系到各个海用海部门对海域的分配与使用,因此在进行层叠用海项目时,不仅要协调各用海部门的海洋利用活动,还要综合考虑各项目对海洋的需求情况。这样才能从整体的角度对海洋利用方式及海洋利用结构进行全方面的调整,使层叠用海符合海域经济与社会发展的整体目标,促进国民经济持续健康稳定的发展。

2. 战略性。国家级、省市级的海域空间层叠利用方案,一般侧重于解决海域综合利用的重大战略性问题。例如,海洋利用方式的重大变化,海洋利用结构的调整和海洋用海布局的整体调整等。而省市级的海域空间层叠利用的重点内容在于落实每个海域单元的具体规划用途,最终形成海域空间层叠利用功能区划,但是一般不会涉及具体海洋的使用范围、使用单位以及海洋的经营方向等问题。

3. 长期性。海域空间层叠利用需要对与海洋利用有关的重要经济社会问题的长期变动趋势做出预测,并根据预测结果调整海洋的利用结构和具体的利用方式。在预测的基础上制定的海域空间层叠利用区划方案,才能使海域的变化与经济社会发展的变化达到协调发展的目标。

4. 协调性。海域空间层叠利用的协调性主要表现在两个方面:从纵向讲,上一级海域空间层叠用海区划控制和指导下一级的空间层叠用海区划;从横向讲,一个海域的空间层叠用海区划,对沿海地区国民经济各部门的海洋利用起到宏观控制作用。因此,要做到区划与沿海地区国民经济各部门的协调及上下级别的协调。

5.2 海域空间层叠利用的必要条件

5.2.1 自然条件适宜性

1. 地质地貌条件适宜性

(1)渔业用海

我国海岸带有着海水养殖的优越自然条件,按利用空间不同可分为浅海养殖和滩涂养殖。人工渔礁一般选择水深 20－200 米,地质较硬、无泥沙回淤、干潮线延伸较近、潮流流速和风浪不太大且在经济鱼类洄游栖息安宁的海区。除了应根据不同的增养殖用海项目进行合理选址外,更重要的是要对此类用海项目对海底和岸滩地形产生的影响。对于人工渔礁,除建礁点要避开定置渔具作业区、主要航道、沿岸贝藻类养殖区、重金属和石油等污染区,以及海防设施所在地外,还要对礁后岸滩的蚀淤变化及其规模及平面布置对水动力的影响进行预测并充分论证。

(2)交通运输用海

港口的位置不仅要受到水域条件(如停泊条件、航行条件)的影响,还要受到陆域条件(如腹地条件、筑港条件)的影响。作为港口来讲,首先要考虑的是其自然环境条件,应具备一定的水深、陆地面积、足够的水域、适于建港的工程水文环境和工程地质条件。因此,根据港口功能选择适当的自然条件,可节约工程费用,并使港口建筑物对环境的影响减至最小,其适宜建港的地形条件有:天然海湾、河口、弧形海岸、平直冲积海岸。港口水工建筑物(包括防护建筑物、导堤及入海航道)对沿岸动力条件及泥沙运动,产生有一定影响。其影响程度与建筑物的规模和形式、自然环境的本底条件以及布置上的是否得当有密切关系,要给予充分的论证。开挖通海航道穿越沿岸沉积物流,沉积物会进入航道使其淤塞。沿岸沉积物运动,主要发生在波浪变形、破碎区域,即在水深 3 – 5 米,这正是海岸工程所涉及的区域。

(3)工矿用海

盐业用海最适宜的地形是淤泥质海岸,这里岸线平直,坡度千分之一,岸滩平坦,其物质组成以黏土为主,渗透性小,适于纳潮蓄水。对于油田用海要进行充分的海底地形勘测,判断和识别出如浅地层、滑坡体、浅层高压气等灾害地质因素,防止地质灾害的发生。不合理的海洋工程拦截沿岸沉积物运动,引起海岸上游一侧淤积,下游海岸侵蚀。[72]沿岸一些工程建筑选址要合理,不合理的海滩建筑物,将破坏海滩平衡,引起连锁性环境恶化。重砂矿和砂矿主要集中于砂质海岸和基岩海岸。海砂开采可能使海底砂脊降低或造成断口,使越过砂脊(或断口)传向岸边的流场和波浪场发生变化,增加海岸动力作用,使海滩遭受侵袭。

(4)旅游娱乐用海

海水浴场用海最适宜的地形条件是坡缓、浪平、砂细。而娱乐和体育项目主要是指海面和水下,包括钓鱼、风帆、冲浪、赛艇、游艇、滑水、潜水、海底公园、海底考察等旅游项目,应从安全和舒适两方面考虑,如合适的水深、无危险礁石、绮丽而雄壮的景色等。游泳设施,要充分考虑对环境造成的影响和其对环境的适应性。

(5)海底工程用海

海底电(光)缆用海应选择电(光)缆长度对短的地方,最好离开岩礁,选择全年沿岸流较弱的地段沙滩和避免有突然深陷的海域和是最理想的登陆端。凡要埋设施工的海底,必须具备可以进行埋设的地质条件,需要注意河道入海口、岩石地带、陡峭的斜面、断崖等,这种不良地形条件都有可能降低海底电(光)缆的可能性,同时要求泥沙底层厚在 1 米以上。[73]论证时要判断和识别出海底浅地层、埋藏古河道、滑坡体、浅层高压气等灾害地质因素,防止地质灾害的发生。

(6)排污倾倒用海

排污倾倒用海适宜区域是海域开阔,水体交换条件好,自净能力强;附近没有旅游区、养殖区、自然保护区等功能区,不对港口、航道水域构成实质性危害。倾倒区分为扩散型倾倒区和沉降型倾倒区,在进行倾倒区选划时,要根据倾倒物合理选划倾倒区域。并通过对海洋倾倒区的检测,了解倾倒物在倾倒海域的输移、扩散情况,在海底的物质交换过程、堆积情况和最终归宿,倾倒活动对倾倒区周边环境的扰动范围和影响程度,以及由倾倒活动所产生的生态影响和生物效应。[74]

（7）围海造地用海

围海造地主要是在淤泥质海滩和海湾,沿海围垦筑堤后极易破坏原来的流场,改变了原有的地貌形态和底质分布,使局部地形发生变化。港湾内围海造地,减少纳潮量,使港湾水质恶化、航道淤积衰亡。

2. 泥沙与底质分析

（1）渔业用海

渔业用海中包括渔港建设和养殖用海两种基本类型,其中渔港用海可参照交通运输用海中港口用海的分析,而养殖用海对使用海域的底质类型适应性较为宽泛,不同的底质类型会适应不同的养殖品种。在养殖用海项目的海域使用论证中应该根据特定的工程情况做出论证和分析。

（2）交通运输用海

交通运输用海包括港口、栈桥、码头、航道、突堤、锚地等,四种底质类型对港口、码头的用海适宜性由好到差的排序分别为基岩、砂、泥和砂泥。基岩底床海域用作港口码头类型项目的优点是自然水深条件和工程地质条件良好,同时由于底床工程性质较为稳定,有利于工程项目的长期使用,其不足之处在于锚泊条件较差、港池开挖等需要较大的工作量。砂、泥和砂泥的海域也可以建设港口码头类的工程项目,但是在此类海域进行港口码头类项目建设势必承担更多的风险,因此应该持有更为谨慎的态度,在合理的工程设计基础上,制定合理的检测和管理措施,尽量避免水浅、易淤等不利因素的影响,提高工程项目的利用率和综合效益。

（3）工矿用海

工矿用海中最为常见且与底质类型关系最为密切的是盐业用海,最适合进行盐业生产项目建设的底质类型为泥或砂泥,因为此种底质类型的海滩坡度往往较小、水深浅、可供发展的水域空间广阔,同时底质渗透率低,适于修造滨海盐田、波浪作用较弱。而对于基岩底的海域来说,一般较难发展盐业的生产,另外从资源、环境的角度考虑,砂质的海底也较少进行盐业生产项目的建设。

(4)旅游娱乐用海

最适宜进行旅游项目建设的底质为砂、其次为基岩、砂泥和泥。目前国内的滨海旅游项目多是海滨浴场或者海滨浴场辅以其他旅游娱乐项目,在此情况下砂质的底床无疑是最为适宜的底床类型;基岩底床及其所依附的基岩海岸常常可以发育具有较高景观资源价值的自然地貌,因此也可以形成优良的旅游资源;砂泥底和泥底的海域一般不容易形成旅游资源,但如果在发育独特的生态群落的情况下,此种底床类型也可以适应旅游项目的建设和开发。应该明确的是,滨海旅游资源的开发和利用是对具有景观价值的滨海系统施加人为影响的过程,为了保护海岸景观资源和生态环境,在此类项目的海域论证使用过程中应着重论证项目建设对原始海岸系统的影响,并针对影响方式和作用过程提出相应的保护目的和保护措施。

(5)海底工程用海

最适宜进行海底工程建设的底质类型为泥或砂泥,其次为砂和基岩。在底质类型为泥或者砂泥的海域铺设海底管线或管道有利于管线、管道本身的掩埋和保护;对于基岩底质的海域尤其是在近岸区域,铺设的管线容易产生距离的悬空段,在波浪的作用下容易被破坏,同时裸露的管线也容易遭到外力如船只走锚或拖网的破坏;而对于近岸海域的砂质床底来说,由于沉积物本身内聚力较差,比较容易在波浪的作用下产生液化破坏,因此海底管线的路由论证选址时,尤其是在近岸部分应尽力避免基岩底或者砂底的海域,如无法避免应采取合理的保护措施以确保海底工程的安全。

(6)排污倾倒用海

排污倾倒用海中与底质关系较为密切的是倾倒用海,一般来讲,海上倾倒的物质最大程度的停留在原地,以确保海上倾倒区周边的海洋生态环境受到尽可能小的影响,因此在选择倾倒区时一般选择在水动力条件较弱、沉积物搬运能力差的海域的底质类型本身就在很大程度上指示了海域的沉积环境和搬运能力,底质颗粒越细越表明当地的水动力环境越弱、沉积物运移和交换能力越差。因此,最适于作为海上倾倒区的海域的底质是泥。

（7）围海造地用海

由于围海造地是一种改变海域原始属性的用海类型，海域回填变为陆地后其原有海域便永久性变为陆地，因此，填海工程本身对海域底质类型没有特殊要求，也没有哪种底质类型特别适于填海，但是正是由于此类工程对海域属性的永久改变，在论证工作中应该对填海项目谨慎对待，首先要尽可能减小填海项目对海洋生态环境造成的影响，其次应该分析填海海域底域的种类和矿物成分，以免稀有的矿物资源被掩埋。

3. 海域环境质量要求

不同类型的项目用海对海域环境质量有不同的要求，《全国海洋功能区划（2011－2020）》、《海水水质标准》、《海洋沉积物质量》和《海洋环境保护规划纲要》对主要类型功能区海域环境质量做出了相应的规定并进行了级别划分其中，一级保护目标是海水环境质量不低于国家二类标准，沉积物环境质量不低于国家一类标准；二级保护目标是海水环境质量不低于国家三级标准，沉积物环境质量不低于国家二类标准；三级保护目标是海水环境质量不低于国家四类标准，沉积物环境部低于国家三类标准。同时对各类海洋功能区环境保护目标提出管理要求。

（1）农业围垦区、渔业基础设施区、养殖区、增殖区执行不劣于二类海水水质标准，渔港区执行不劣于现状的海水水质标准，捕捞区、水产种质资源保护区执行不劣于一类海水水质标准。

（2）海洋自然保护区执行不劣于一类海水水质标准，海洋特别保护区执行各使用功能相应的海水水质标准。

（3）固体矿产区执行不劣于四类海水水质标准，油气区执行不劣于现状海水水质标准，盐田区和可再生能源区执行不劣于二类海水水质标准。

（4）航道、锚地和邻近水生野生动植物保护区、水产种质资源保护区等海洋生态敏感区的港口区执行不劣于现状海水水质标准。港口区执行不劣于四类海水水质标准。

（5）旅游休闲娱乐区执行不劣于二类海水水质标准。

（6）保留区执行不劣于现状海水水质标准；对于污水达标排放和倾倒用海，要加强监视、监测和检查，防止对周边功能区环境质量产生影响。

表5－1　海洋功能区分类及海洋环境保护要求

一级类	二级类	海水水质质量（引用标准：GB3097－1997）	海洋沉积物质量(引用标准：GB18668－2002)	海洋生物质量（引用标准：GB18421－2001）	生态环境
农渔业区	1.1 农业围垦区	不劣于二类			不应造成外来物种侵害，防止养殖自身污染和水体富营养化，维持海洋生物资源可持续利用，保持海洋生态系统结构和功能的稳定，不应造成滨海湿地和红树林等栖息地的破坏
	1.2 养殖区	不劣于二类	不劣于一类	不劣于一类	
	1.3 增殖区	不劣于二类	不劣于一类	不劣于一类	
	1.4 捕捞区	不劣于一类	不劣于一类	不劣于一类	
	1.5 水产种质资源保护区	不劣于一类	不劣于一类	不劣于一类	
	1.6 渔业基础设施区	不劣于二类（其中渔港区执行不劣于现状海水水质标准）	不劣于二类	不劣于二类	应减少对海洋水动力环境、岸滩及海底地形地貌的影响，防止海岸侵蚀，不应对毗邻海洋生态敏感区、亚敏感区产生影响
2 港口航运区	2.1 港口区	不劣于四类	不劣于三类	不劣于三类	
	2.2 航道区	不劣于三类	不劣于二类	不劣于二类	
	2.3 锚地区	不劣于三类	不劣于二类	不劣于二类	
工业与城镇用海区	3.1 工业用海区	不劣于三类	不劣于二类	不劣于二类	应减少对海洋水动力环境、岸滩及海底地形地貌的影响，防止海岸侵蚀，避免工业和城镇用海对毗邻海洋生态敏感区、亚敏感区产生影响
	3.2 城镇用海区	不劣于三类	不劣于二类	不劣于二类	
矿产与能源区	4.1 油气区	不劣于现状水平	不劣于现状水平	不劣于现状水平	应减少对海洋水动力环境产生影响，防止海岛、岸滩及海底地形地貌发生改变，不应对毗邻海洋生态敏感区、亚敏感区产生影响
	4.2 固体矿产区	不劣于四类	不劣于三类	不劣于三类	
	4.3 盐田区	不劣于二类	不劣于一类	不劣于一类	
	4.4 可再生能源区	不劣于二类	不劣于一类	不劣于一类	

一级类	二级类	海水水质质量（引用标准：GB3097－1997）	海洋沉积物质量（引用标准：GB18668－2002）	海洋生物质量（引用标准：GB18421－2001）	生态环境
旅游休闲娱乐区	5.1 风景旅游区	不劣于二类	不劣于二类	不劣于二类	不应破坏自然景观,严格控制占用海岸线、沙滩和沿海防护林的建设项目和人工设施,妥善处理生活垃圾,不应对毗邻海洋生态敏感区、亚敏感区产生影响
	5.2 文体休闲娱乐区	不劣于二类	不劣于一类	不劣于一类	
海洋保护区	6.1 海洋自然保护区	不劣于一类	不劣于一类	不劣于一类	维持、恢复、改善海洋生态环境和生物多样性,保护自然景观
	6.2 海洋特别保护区	使用功能水质要求	使用功能沉积物质量要求	使用功能生物质量要求	
特殊利用区	7.1 军事区				防止对海洋水动力环境条件改变,避免对海岛、岸滩及海底地形地貌的影响,防止海岸侵蚀,避免对毗邻海洋生态敏感区、亚敏感区产生影响
	7.2 其他特殊利用区				
保留区	8.1 保留区	不劣于现状水平	不劣于现状水平	不劣于现状水平	维持现状

4. 海洋自然灾害

(1) 渔业用海

对渔业用海影响较大的海洋自然灾害类型有赤潮、风暴潮等。赤潮对海洋养殖的危害尤为严重,一次大的赤潮往往可以使养殖品种大面积死亡,造成减产甚至绝产。风暴潮可以摧毁围海养殖的堤坝,同时也会威胁到捕捞作业船只的安全。因此在对渔业用海的论证工作中,应该充分分析赤潮、风暴潮等海洋灾害的情况,尽量避免在上述灾害多发海域进行渔业用海的开发。

（2）交通运输用海

对于港口、航道等用海活动影响较大的海洋灾害有海冰、风暴潮、海底滑坡等。冰期的长短直接关系到港口、航道的有效运营时间,因此此类用海应该避开冰期较长的海域。风暴潮可以危及堤坝、码头等港口设施的安全,严重时更可能危及人类的生命安全,因此在风暴潮多发海域修建港口航道应充分分析风暴潮等的历史资料,采取有效措施提高港口设施的规格,避免不必要的损失。此外应科学分析工程海域的底质状况和工程地质性质,工程地质不良时应采取有效措施,加大基槽的开挖深度,避免工程主体坐落在软弱的地层上并避开海底断裂,确保工程设施的安全。

（3）旅游用海

对于旅游用海潜在影响较大的海洋灾害种类有赤潮、风暴潮、海啸等。赤潮可以使海域水质严重恶化,影响旅游用海项目功能的正常发挥,并对人类健康产生潜在的威胁,在赤潮多发海域进行旅游用海开发时应充分评估赤潮的危害,制定应急措施以确保人类健康和安全。风暴潮和海啸对旅游用海造成的破坏更加巨大,旅游用海项目应尽力避免建设在风暴潮和海啸多发海域,如确实无法避免,应针对此类海洋灾害制定完备的预警机制与应急预案,在灾害发生时最大程度保护游人的生命财产安全。

（4）海底工程

对于铺设海底线缆、管道等海底工程影响最大的海洋灾害是海底断层、滑坡等。由于海底工程铺设难度大,设施处于海底而无法使用常规手段检视,因此一旦迫害其修复就存在着极大的难度,造成大量的经济损失,而海底输油管道等被破坏还有可能严重污染当地的海洋环境。因此在进行海底工程海域使用论证工作时,一定要彻底查清海底的沉积物物质和工程地质性质,必要时采取钻孔、柱状取样、浅剖、声呐等手段进行补充调查,使海底工程绝对避开海底断层、工程地质软弱带、沙土液化等区域,确保海底工程设施的安全。

5.2.2 海洋资源适宜性

1. 港口工程用海

在河流入海的含沙量较大、纵向泥沙运动强盛、湾口有大规模拦门沙、沙嘴、水下沙坝等水域,不宜用作港口用海。选择工程地质条件较好,没有或很少出现断裂带、水下溶洞及软土层薄的地区则适宜建港。对水深较浅而加长引堤或疏浚量过大而增加投入的淤泥岸港口用海,要特别加强泥沙强度的计算。对于挖航道的动水平衡及水深维护要做出科学的预测。锚地位置应从水深、底质锚抓力、底床平坦性、水域开阔程度、浪、流,便于进出航道等条件进行对比和确认。进出港航道是否利用天然水深,是否避免不稳定浅滩,航道轴线与强风、强浪、潮流主流向交角是否有利于航行。在港口群海域另辟新港而申请用海,须对周边港口、临海工业、旅游、航道、锚地、制动水域、回旋水域等进行协调分析,做出准确判断,避免事故发生。查明港口用海与周边其他用海的关联性,做好港口工程行为与毗邻区相关利益者的协调分析。在港口群区域内进行改扩建工程的,应该明确水深条件、水面大小是否与该工程规模相适应,能否保证深水深用,航行安全,是否存在排他性行为。

2. 养殖用海

在浅海底床、滩涂、河口浅滩,利用天然固着基或人工渔礁的增殖用海,是目前渔业用海的主要方式,应选择海水初级生产力、浮游生物、敌害生物等作为分析指标。潮滩或浅海以增设水泥板、堆石、竹木或废船为附着基的人工渔礁用海,同样需要通过适养对象的生态习性和当地水质、底质等适宜条件进行深入分析判断,尤其注意浅水区投入的人工礁体的规模、分布、高度应以不影响航运、礁体毗连岸滩不发生蚀淤为前提。此外,在潮滩中,低潮位的粉砂、极细砂带、透气性好、水动力相对活跃,营养盐丰富,总生物量高,是底播贝类优越的栖息地,通常可作为文蛤、杂色蛤、蛤仔、青蛤等的人工养殖。

3. 旅游用海

对于滨海旅游用海,应选择气象、海况、地质地貌、海域环境质量等指标分析海域资源条件适宜性,其选取的指标视地区和用海内容具有一定的差异性。一是自然条件,包括日照、可浴时间、水温、海流、水下地形、水深与海床坡度、海滩宽度、长度、坡度、底质废弃物;二是海域环境质量,包括透明度、悬浮物、漂浮物、油膜、大肠菌群等;三是障碍物,包括礁石、水下沙堤、危险物等。

4. 围填海用海

以填海造地为目的的围填海工程的适宜性分析大体包括施工期和完工期两个阶段。前者论证重点主要有围海堤坝工程地质基础是否有利于堤坝的安全稳定,施工期因搅动海底泥沙引起的悬浮物扩散。填海造地完工后,从工程建筑物对近岸流系、泥沙输送、海岸线变化、岸滩与底床冲淤等是否产生局部的环境效应,来判别项目用海对海域资源的影响。

5.2.3 社会经济协调性

项目用海的社会协调性分析主要包括社会经济发展水平、区域产业布局、社会资源配置以及可持续发展理念等几个方面:

1. 区域社会经济发展水平

用海项目开发与区域经济、社会发展协调是否越来越为人们所重视,它与可持续发展是密切相关的。社会经济发展是以各种开发项目为载体的,海洋经济可持续发展是用海项目开发的目标之一。用海项目为其地区社会经济可持续的生存和发展提供服务,是社会经济实现可持续发展的用途。因此,研究用海项目在施工、运营过程中与社会经济发展的协调关系,可以促进项目用海的可持续性。

2. 产业布局的协调性

产业布局主要是指项目归属的产业与其他产业之间的关系。协调与否取决于它们之间能否互为依托、相互带动和促进。如港口物流业的发展将带动第一、第二、第三产业的全面提升和发展。目前在沿海地区,港口物流业为优先发展的产业之一,临海工业的发展对地区经济发展起着至关重要的作用,它将大大舒缓城市的工业用地压力、增加就业机会、加快农村城市化进程;滨海电厂的建设优化了能源结构,缓解地区供电压力,促进区域经济的发展等。

3. 社会资源配置的协调性

社会资源配置的协调性主要是指海域资源的合理利用,即从发挥最大效益出发,分析配置的合理性和协调性。海洋资源传统的利用主要是渔业(包括养殖、捕捞)和交通运输。由于科学技术的发展以及人类对空间拓展的需求,当前对海域资源的利用远远超越了这个范畴。如矿产资源开发,空间资源利用(围填海)、滨海旅游(含休闲渔业)、港口物流业等。这就使得海域资源存在合理协调配置问题,应从区域社会经济发展总体规划出发,考虑各类资源开发利用的经济效益,以社会资源合理配置和发挥海域整体效益为原则,分析项目用海是否合理可行。

4. 符合可持续发展理念

可持续发展思想是建立在社会经济、人口、资源与环境相互协调和共同发展的基础上,其宗旨是既能相对满足当代人需求,又不对后代人发展构成潜在的负面影响。可持续发展的理论和纲领虽然对于世界各地具有普遍适用性,但不同地区、不同发展阶段所存在的阻碍地区可持续发展的问题和矛盾有很大差异。目前我国正在进入工业化国家行列,其区域可持续发展的瓶颈主要表现在人口众多和快速工业化过程在资源与环境方面所引发的问题,各类资源对人口的承载容量是中国可持续发展研究的基本问题。项目用海是否符合可持续发展理念,必须根据项目所在地的社会经济发展状况、海域资源状况以及产业布局等多方面进行分析。

5.3 海域空间层叠利用的影响因素

5.3.1 区位条件

在海域空间层叠利用中,需要分析的区位因素很多,包括地理优势、区位优势、交通区位、经济区位、区域等级、周边地区的自然经济发展状况等。区位优势突出的地区,对各种资源包括海域的利用效率高,经济发展空间大,因此是海域空间层叠利用需要分析的重要因素。在考察海域的未来发展时,必须从海域实际出发,认识地区优势明确海域开发利用的选择方向。海域经济区位指海域距城市中心、商业中心、交通枢纽或其他人们活动集聚中心的距离及影响程度;海域交通区位指海域所在区域的交通方便程度,包括道路通达度、对外交通便利度、公交便捷度等。有些区域由于人口、物质、能量、信息高度集聚,海岸带地区活动强度大,吸引力大,利用效率高,海域价值水平也相应提高。

区域基础设施和生活服务设施的完善程度,影响海域的利用效益和价格。基础设施包括公路、铁路、港口、航道等,是人们为更好地发挥海域经济效益而追加的劳动和资产的成果,反映了单位面积区域土地或海域投入的物化劳动的多少,进而影响了海域的利用效益。此外,区域等级越高,区域的经济政治地位越高,投资越多,区域空间环境及各项设施好,土地和海域使用效益也就越高。

5.3.2 自然因素

进行海域空间层叠利用兼容性评估,要通过资料收集和外业调查,获取海域的气候、水文、地质地貌、自然灾害、海水质量等相关材料,并着重分析影响海域使用方向、影响程度和收益大小的因素,作为论证空间层叠利用的基础资料。

1. 地质地貌特征

海洋和陆地的地质条件是资源、环境、生态依托的基础,对三者原始属性有极强的控制作用,地质条件在时空上构成海域属性的限定条件。地貌是组成自然地理环境要素的基本组成部分,是内外应力作用强度、过程的重要指示标志。对地貌的调查分析要根据论证项目、调查范围的不同选择不同重点。在分析地貌条件时,要注意人类活动对地貌条件的改变和人类活动对海域使用日益明显的影响。

2. 气象气候条件

具体影响因素主要有气温、降水和蒸发、相对湿度、日照、风况、雾雨霜、扬沙、灾害性天气等。例如不同的用海类型,对气温的要求不同:滨海旅游用海,特别是滨海旅游游泳场对气温的要求较高,只有海水达到适宜游泳的温度,才能形成对游客的吸引力和规模效益;养殖增殖用海、港口航道用海对气温也有一定的要求,如气温较低,海面结冰,对海水养殖和航运都很不利,对于某些暖温性水产养殖来说更是不利,可能会导致养殖品种的大面积死亡。

3. 水文条件

水文条件包括潮汐、潮位、波浪、水温、海冰、增减水等。水文条件是决定海域自然属性的重要因素,例如潮汐对某些用海项目如潮汐电站用海和观潮旅游用海特别重要,而某些工程用海项目论证需要对波浪影响做重点考虑。不同等级的海水水质标准不同,直接影响海域价值,特别是对养殖增殖用海、旅游用海、围填海、海水利用用海、海上倾倒用海等用海项目的论证有着重要的影响。

4. 生物因素

海洋生物种类繁多,数量丰富,有着巨大的经济、科教使用价值。在开发海洋的活动中,必须加强对海洋生物资源的保护,实现海洋生态系统平衡和对海洋生物资源的可持续利用。

5. 自然资源

海域的自然资源丰度是影响海域效益的重要因素,如养殖增殖用海,应分析生物数量和种类及初级生产力等对用海效益的影响;旅游用海应分析旅游景点等级、数量、旅游景观组合条件、浴场的沙滩质量等对用海效益的影响,另外海域的海岸线长度、土地面积、海岸性质、海滩坡度等都是影响海域效益的重要因素。

5.3.3　社会经济因素

海域空间层叠利用论证需要考虑到各种社会经济条件对海洋开发利用和利用效益的影响。

1. 经济因素

海洋经济规划是发展海洋经济、优化海洋产业布局的基础,海洋经济规划确定各产业的发展规模与发展方向。重点海洋产业发展建设项目的投资,可促使基础设施改善,海域集聚效益增大和海域增值。海洋经济规划提出的海域环境治理与保护措施,改善海域环境质量,使海域的吸引力增大,用海效益提高,进而影响海域的等级和价格。

2. 技术因素

在海域空间层叠利用中,对技术的分析应注重于对海域开发利用有着明显影响的新的硬技术和新的软技术以及技术的应用对海域价值的影响。例如,围填技术的发展,使得围填的费用降低,相应的围填海的成本降低,增加围填海的收益,进而影响海域的层叠使用。养殖技术的发展,必将使得养殖方式、养殖品种发生变化,向集约化养殖方式转变,将逐渐增加增养殖的收益。此外信息技术的发展,有利于港口航运、旅游等产业的发展,会带来用海单位效益的提高。

3. 人口和城镇因素

人口数量和人口分布影响海域开发的选择。人口数量直接影响社会生产规模和海洋开发能力。社会供给和需求结构以及海洋开发劳动力受人口性别年龄结构的影响,海洋经济的发展尤其海洋高新技术的开发和应用受人口素质的影响,而人口密度直接影响着海域的承载能力。而沿海城镇、村镇是海洋经济发展的依托,城镇和村镇的规模、功能与分布直接影响海洋开发的项目、利用方式、发展规模、海洋产业结构、区域布局等。

5.4 海域空间层叠利用的机理模型

5.4.1 机理模型的构成

如图 5 – 1 所示,海域空间层叠利用机理模型分为三大部分。首先是对评价单元的分析,通过对评价单元海域范围内的自然属性、社会属性状况及其空间分布、用海功能及其空间分布进行分析,确定该海域是单功能用海还是层叠用海,对于层叠用海海域,论证其层叠用海的必要条件和影响因素并确认多功能区各用海功能的相互关系,即一致关系、互利关系、兼容关系、竞争关系、互损关系等。其中在兼容关系的确认中,海域层叠利用的功能排序更多的应该依据与主导功能的兼容度。

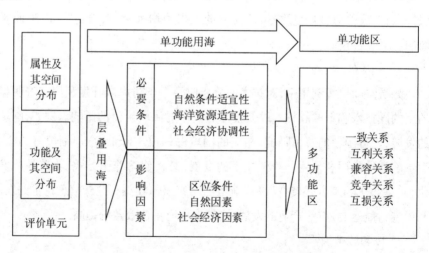

图 5 –1 海域空间层叠利用的机理模型

5.4.2　机理模型的具体实施

海域空间层叠利用兼容方案是海洋功能立体区划方法体系的根本基础和最终目的,是海洋功能立体区划实施的依据,可以体现海域空间层叠利用的机理。其具体的实施过程就是指标法和协调法的运用,具体机理模型的具体实施过程主要包括海域功能重叠的前提条件、海域功能重叠的排序原则和海域使用规划与用海现状的协调关系三个方面的内容,其流程如图5-2所示。

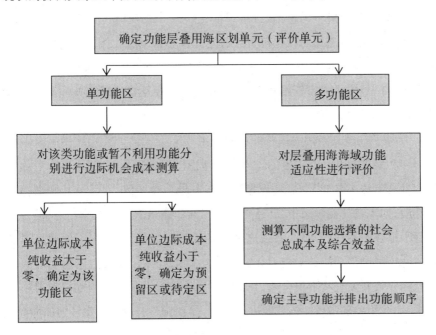

图5-2　海域空间层叠利用机理模型的具体实施

1. 海域功能重叠的前提条件

海洋及其所依托陆域往往具有开发利用和治理保护的广宜性,所以仅依据区域自然属性划定功能区,会产生不同性质的功能区密集而又多层次重叠的问题,因此在进行海洋功能区划时,应将依自然属性分区,根据社会属性及海洋功能区划原则进行功能重叠处理,使最后划定的功能区既体现自然属性,又兼顾社会属性,功能重叠的处理方法为:当各功能区在开发利用时不互相干扰,有时候还能够发挥综合效益,那么此区域为多功能同时并存;当多功能区各功能间不能兼容时,依据海洋功能区划之原则与主导功能选择原则决定主导功能,并舍弃与主导功能不兼容的功能。

2. 海域功能重叠的排序原则

多功能区经过功能排序后,则应将功能顺序排列出来,并制定综合效益最佳的功能为主导功能,主导功能按以下优选原则确定功能顺序:优先安排海洋直接开发利用功能,注意安排海洋依托性开发利用功能,同时不忽视不可少的非海洋性配套开发利用功能;优先考虑能带动区划区域经济发展或对全局起重要作用的功能;所需资源和环境较为苛刻、可选择的区位较少之功能优先于所需资源和环境条件较为宽松、可选择的区位较多之功能进行安排;保护、保留功能优先于其他功能;再生资源和非再生资源发生矛盾时,优先考虑再生资源;对国家、省市远景目标刚要中已经安排为高新技术开发区的功能,只要从自然环境条件衡量基本合理的,可作为拟用功能确定。

3. 海域使用规划与用海现状的协调关系

海洋功能层叠利用在拟定的过程中应考虑开发与现状的关系,具体可面临的情况和处理方法主要如下:如果兼容项目与主导功能一致,就保留其原来主导功能的性质;如果在功能顺序中,已经开发利用的功能虽然不是主导功能,但是与兼容项目不存在根本性的矛盾,那么这种开发现状可以保留,但在以后的海洋开发过程中适当限制该功能的规模并转向主导功能的开发。如果由于历史的原因或其他原因导致开发现状不很合理,或者同确定的主导功能或其他功能有着根本性的矛盾,那么相关部门就应该就此进行协调,建议调整开发现状和规划的方向。

第六章

基于层叠利用的海域空间主导功能及其用海范围

6.1 海域空间主导功能的内涵

6.1.1 层叠用海功能之间的相互关系

当前我国海洋功能区划采用的分类体系,确立层叠用海功能之间的相互关系如何,对把握海域整体性和科学性具有总要意义,现将层叠用海功能之间的相互关系归类为以下几种:[75]

表 6-1 层叠用海功能之间的相互关系

相互关系	概念	实例
一致关系	层叠用海区域范围内,两种完全相同或基本相同的海域功能。	养殖和增殖
互利关系	各种海域功能在开发利用时互不干扰,有时还有助于发挥综合效益,在层叠用海区域内可多个功能同时并存的相互关系。	港口与旅游功能、海洋景观保护与旅游等海域功能
兼容关系	两种或两种以上海域功能可在层叠用海区域存在,互不妨碍,它们的共存一般无多大矛盾。	盐田利用和海水养殖;养殖和旅游

相互关系	概念	实例
竞争关系	在层叠用海区域范围内,一类海域功能的存在排斥另一类海域功能的存在,由于地域上的竞争两者无法同时并存,但是它们一般不存在相互损害的关系	多种开发利用区和自然保护区、开发利用区和特殊功能区
互损关系	在层叠用海区域范围内,完全不能并存的两种海域功能,一个功能的存在会对另外一个海域功能加以损害。	石油开采和海水养殖、港口和海水养殖、航道与倾废、排污与水产养殖

6.1.2 海域空间主导功能概念

海域空间主导功能是指在某海域单元存在多种功能并存的前提下,根据海域的自然资源属性及社会经济情况,通过不同方法的对比选定的最佳功能。以主导功能为依据对海洋进行开发利用活动,可以取得经济社会及生态效益相协调的结果。海域空间层叠用海项目是一个立体的集约的综合项目群体,同时兼容了多种不同的用海项目,为了更好地组织项目的运营与开发,可以选择其中一项功能作为整个海域空间层叠利用的项目主导带动整个项目群的开发。参考区域经济产业发展中主导产业的作用,可以归纳出海域空间层叠用海项目的主导功能可以发挥海域价值和开发商优势,能够具有一定的带动能力并且能做到与其他项目有很强的关联性,能使整个海域空间的整体价值得到整体提升。在本研究中,主导功能是指层叠用海项目中与海域价值、海域功能契合度高,价值关联度强,并能带动其他功能价值增长,对实现整体用海开发战略来说具有很强带动作用的功能子系统。[76]

6.2 基于边际收益比较的海域空间主导功能确定

6.2.1 边际机会成本理论及有关概念

边际机会成本理论是近年来国际上流行的自然资源定价理论。由于该理论反映了自然资源开发的社会总成本,是一种立足于资源可持续利用的绿色核算,从而可以比较真实地反映出自然资源开发利用的生态、经济效益,相比其他的自然资源开发利用成本核算理论和方法,有比较突出的优势。运用边际机会成本理论对海洋功能区进行社会总成本测算,可以为评价各海洋功能区提供量化的评价依据,同时也为在今后海洋资源管理中实现资产化管理以及为各类海洋资源的合理定价提供依据。

1. 机会成本的概念

所谓机会成本,是指在其他条件相同时,把一定的资源用于生产某种产品时所放弃的另外一种产品的价值,或者是指在其他条件相同时,利用一定的资源获得某种收入时所放弃的另外一种收入。[77]根据机会成本确定海洋资源的某种开发利用方式的成本时,包括了两个方面的内容,一方面,它意味着成本中计入了一部分利润,另一方面,由于海洋资源具有实物意义上的稀缺性,某一经济当事人使用了某一资源,其他经济当事人就丧失了利用同一资源获取纯利益的机会,所以机会成本中必须包括所放弃的机会可能带来的纯收益。

2. 几类机会成本的概念

对于自然资源而言,将边际的概念引入自然资源的价格,其价格的决定取决于机会成本的原因是:其机会成本不仅随着产量的变化而变化,还随着自然资源的稀缺程度的变化而变化。随着时间的推移逐步增加,自然资源的单位机会成本也会增加。[78]

边际机会成本包括边际生产成本、边际使用者成本和边际外部成本。当然对于不同海洋资源的开发利用,这三类不同边际成本的具体含义会有所不同,而且随着人类社会的发展,价值判断的变化也会导致各项成本的具体含义的变化。

表6-2　机会成本的类型

机会成本的类型	在海洋资源开发时的利用
边际生产成本	海洋资源开发利用时必须支付生产成本(如原材料、工资、动力、设备等)。即使是未利用的自然资源,生产成本也同样存在,其中包括:勘探成本(未探明的自然资源,人类是无法加以利用的)、管理成本等。而边际生产成本是指海洋资源开发利用数量的单位变动所引起的总生产成本的相应变动。

机会成本的类型	在海洋资源开发时的利用
边际使用者成本	使用者成本是指以某种方式使用某一海洋资源时所放弃的以其他方式利用同一海洋资源可能获取的最大纯收益。海洋资源的使用者成本是根据海洋资源的机会成本确立的。海洋资源的边际使用者成本,是指海洋资源开发利用数量的单位变动所引起的使用者成本总额的相应变动。
边际外部成本	边际外部成本是指因开发海洋资源所造成的全部环境损失。有时候在环境污染造成的成本中,有一部分已摊入生产成本(如治理污染工程的开支、支付给劳动者的医疗费用等),也就是说,一部分外部成本已经被内部化。但是,有时候为了计算开发某一海洋资源所造成的全部环境生态损失,就需要将生产成本中用于治理环境污染的项目分离出来并计入边际外部成本。

6.2.2　海洋功能区边际机会成本测算

在计算成本时,不仅可以采用有关的生产要素的实际价格,还可以采用它们的影子价格。由于资料的限制,大比例尺海洋功能区划中,对层叠用海区域单元(评价单元)的各种功能进行成本计算时,可以采用当地有关部门统计的价格进行计算。

1. 层叠用海评价单元不同功能的年收益的计算

年总收益($WI1$,$WI2$...WIn)包括直接收益和外部收益。其中直接收益就是该评价单元用于某一功能时可产生的年收益量。为了真实反映该评价单元用于某一功能时可能产生的全部收益,还应计算其外部收益。例如港口区作为评价单元时,它在对周边地区经济发展产生带动作用的同时,还会带动周边地区地价提升从而产生收益等。计算方法除采用应用有关部门的评估数之外,还可通过对周边地区有关人员、部门的意愿评估来推算。

2. 层叠用海评价单元不同的边际生产成本的计算

边际生产成本($MPC1$,$MPC2$...$MPCn$)具体是计算该评价单元用于某功能时必须投入的各项费用,其中还包括固定资产折旧费和利息。

3. 层叠用海评价单元不同功能的边际外部成本的计算

边际外部成本($MEC1$,$MEC2$...$MECn$)是该评价单元用于某功能时所造成的全部环境损失的环境成本,不包括已摊入生产部分即已内部化的成本。目前普遍采用直接市场法、替代市场法和意愿调查评估法来测算边际外部成本。

4. 层叠用海评价单元不同功能的纯收益的计算

纯收益($NI1,NI2…NIn$)是该评价单元用于某种功能的总收益减去其生产成本和外部成本的值。即:$NI = WI - MPC - MEC$

5. 层叠用海评价单元不同功能的边际使用者成本

边际使用者成本($MUC1,MUC2…MUCn$)包含两方面的成本,一是用于某一功能时造成的资源损耗的净值,二是某评价单元的海洋资源用于某一功能时所放弃的用于其他功能的最大纯收益。边际使用者成本主要是指后者。对于海水油气和其他矿产等不可再生资源的开发利用,还需要将资源损耗的价值加入到边际使用者成本中。具体计算方法如下:

$$MUCn = MAX(NI1,NI2…NIn$$

6.2.3　主导功能评价模型

完成评价单元用于不同功能的上述数值的测算后,就可以算出边际机会成本(MOC),即 $MOC = MPC + MUC + MEC$。从而可以确定不同功能的社会总成本。[79] 为了使不同功能之间更有可比性,可以用单位边际机会成本的纯收益,即 NI/MOC 的大小来反映不同功能和效益的大小,并以此作为确定各评价单元的主导功能及功能顺序的量化依据,最后确定出主导功能和功能顺序还需要结合定性分析来对各评价单元进行综合评价。如果各功能的单位边际机会成本纯收益均小于零时,则定为预留区或功能待定区。对于多功能区而言,排序对比评价单元各种功能的单位机会成本纯收益,单位机会成本纯收益最大的功能理论上即为主导功能,次主导功能与主导功能兼容,将与主导功能不兼容的功能舍弃。

6.2.4　边际机会成本测算确定主导功能

海域功能区主导功能的划定主要采取边际机会成本分析法,综合考虑海洋不同区域的自然属性、社会属性和环境保护要求,确定不同功能区的主要指标,利用上述指标,采用边际机会成本测算等方法,对层叠用海海域功能适应性(港口、渔业、矿产、可再生能源、旅游等每一种资源条件在各个海域单元的优劣程度)进行评价,将评价为"优良"的用海项目初步确定为对应的主导功能。一般以每一类功能的现状利用和规划利用海域空间确定为评价单元。指标选取以反映海域自然属性的资源条件为主体,指标的选取与赋值适宜性评价应在相关资料数据分析、现场探勘的基础上进行。海洋功能区划的核心是实现资源效益、经济效益、社会效益和生态效益的统一,是以实现海洋经济可持续发展为根本目标的。因此,必须将资源因素纳入经济核算体系,计入海洋开发的成本,在此基础上,有必要对区划单元不同的功能选择或开发利用方式的社会总成本及其综合效益做出科学的量化测算,从而建立具有实际意义的评价模式。

6.3 海域空间的立体功能价值

6.3.1 立体用海范围确定综合分析法

将上述初步确定的功能区域海域现状利用、各涉海部门规划用海需求等分别编制为不同的功能单元图层,进行叠加综合分析,依据海洋功能区划的基本原则对同一海域单元的不同功能进行比较排序,专家集成确定最优的海域基本功能。综合分析主要采用专家评判的方法,除依据区划基本原则以外还应当遵循以下几点思路:

1. 根据区划原则确定海洋保护、旅游、港口航运、矿产与能源等保障生态安全、交通航运安全、国家能源需求的功能海洋功能。

2. 根据海域自然属性为主的原则,优先确定适宜性评价确定的海域资源优势显著的功能区。

3. 根据上述海洋功能分区的总体思路,以海洋保护区、旅游、矿产与能源、港口航运、农渔业区、工业城镇区、特殊利用区、保留区的功能顺序,优选确定功能排序靠前的功能。

4. 按照区域海洋发展定位和战略布局,优先确定与区域海洋发展定位和战略布局一致的功能。

5. 确定海域单元基本功能时应避免港口、工业城镇等环境质量标准低的功能区与环境质量标准高的功能区直接相邻,避免相邻功能区的用海矛盾与冲突。

6. 应按照地域差异的海洋自然地理单元的相对完整性,保持海域功能的区划整体连续性原则,突出区域或岸段的整体基本功能,避免功能区分隔细碎。

7. 海洋功能分区应按照引导海洋产业相对集聚发展,促使海洋产业用海由粗放低效向高效转变,避免工业城镇、港口等产业建设类功能区过度分散。

6.3.2 海域空间立体功能价值的构成

按照资源经济学的观点:资源资产的商品价值、环境价值和折补价值构成了资源资产价值,用公式表示可表示为:$V = V_C + V_D + V_E$(其中 V 表示资源资产的价值,V_C、V_E、V_E 分别表示资源资产的商品价值、环境价值、折补价值)。[80]

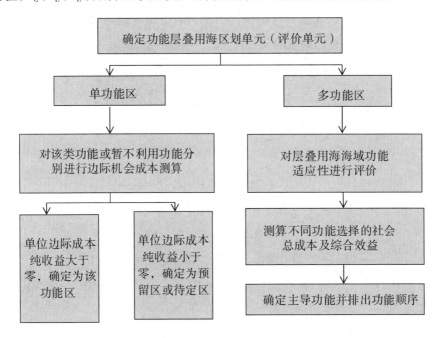

图 6-1 资源资产价值的构成

海洋资源资产从立体的角度来讲,其商品价值是层叠用海项目资产的投入总价值;其环境价值是指整个层叠用海空间所具有的生态环境功能的价值,环境价值分为两个部分,即使用价值(UV)和非使用价值(NUV)两个部分。[81] 使用价值又可以进一步分解为直接使用价值(DUV)、间接使用价值(IUV)和选择价值(Option Value）。而折补价值是为了维持资产开发功能而进行的在技术和价值等方式的折补。与固定资产折旧不同的是，对海洋环境保护技术和资本等的投入都可以作为海洋资源资产的折补价值。

6.3.3　海域空间立体功能价值的评估

海域资本价值的评估主要有收益还原法、剩余法、成本逼近法和市场比较法。层叠用海海域一般选用收益还原法。

1. 基本原理

收益还原法是通过预测用海赢利期内的未来收益，并选择适用的折现率，将未来收益折现成评估基准日的现值，用各期未来收益现值累加之和，求待估海域在一定时点、一定产权状态下价格（价值）的一种方法。运用收益还原法进行评时，关键是要确定被评估海域的预期收益额、收益期限和适用的还原率。

收益还原法评估模型为：

$$\overline{P_{im}} = \left(\sum_{i=1}^{M} s_{im} - \sum_{i=1}^{M} F_{im} \right) / M$$

$$\overline{P_{YN}} = \sum_{Y=1}^{N} (\overline{P_{im}})$$

$$P_{YN} = \frac{\overline{P_{YN}}}{r} \times \left[1 - \frac{1}{(1+r)^n} \right] \qquad \text{式}(6-1)$$

其中 P_{im}——第 i 种类型用海样本 M 单位体积海域的平均收益

S_{im}——第 i 种类型用海样本 M 单位体积海域的总收益

F_{im}——第 i 种类型用海样本 M 单位体积海域的总费用

P_{YN}——Y 个第 i 种类型层叠用海样本 M 单位体积海域的平均收益

N——层叠用海项目数

r——海域还原利率

n——海域使用年限

总费用是指利用海域进行经营活动时，一般情况下正常合理的必要年支出，包括生产成本、管理费、设施维修费、经营费用、税金、折旧费及附加费等。总收益指一般正常合理利用海域、持续而稳定获得的年收入，包括租金收入、利息收入、押金、正常利润等。还原利率 r，从理论上讲是货币的价格，即货币作为一种投资应获得的收益率,应等于与获取纯收益具有同等风险的资本的获利率,一般采用安全利率加上风险调整值,$r = fx(I、e、cg)$,其中,I 为利率,e 为投资风险,cg 为资本获利的可能性。考虑到层叠用海项目的风险性,应选取银行一年期定期存款利率加上项目投资风险调整系数作为还原利率。[82]

2. 评估程序与做法

(1)测算某类型用海待估海域总收益。总收益是指在正常利用海域情况下,能持续稳定获取的年总收益,包括经营用海的租金收入、押金收入、生产用海的增加值与净产值等。

(2)测算某类型用海待估海域总费用。总费用是指在一般情况下,利用海域从事经营或生产的必要支出,包括经营性海域的管理费,附着设施维修费、折旧费、保险费、税金等;生产性海域的生产成本、销售费、税金、管理费、利润等。一些用海单位在生产经营活动中还需占用陆域,也应把土地使用费、土地租金等计入费用。

(3)测算某类型用海待估海域纯收益。由总收益扣除除海域外其他要素的费用,即可算出海域的纯收益。需要注意在测算纯收益时,对总收益和总费用的构成应当注意审核。所扣除的费用必须是参与总收益形成的要素,不重复也不遗漏。当以增加值或净产值作为总收益指标时,不应当将原材料耗费列入费用项目,因为增加值或净产值中都已经扣除了原材料费用。当把工资列入总费用项目时,不可再将利润作为总收益,原因是利润指标中已经扣除了劳动者报酬。一些企业在财务费用中已把海域使用金计入成本,在扣除费用时应当把海域使用金一项剔除。

(4)确定还原利率。在将海域纯收益作资金化计算时,还原利率一般采用一年期定期存款利息率,加风险系数。

第七章

海域空间层叠利用的用海兼容性评估

7.1　层叠用海兼容性的界定与要求

层叠利用是否符合海洋功能区划应根据以下原则和步骤分析判定。

1. 海域使用方式是否符合海洋功能区划是层叠用海兼容性的必要条件。国家海洋局发布的新版《海域使用分类标准》中对海洋功能区划符合性分析提供了技术支持。对于增养殖区、渔业品种保护区以及风景旅游区等对海域自然属性改变较少的功能区，不能出现排污倾倒等用海方式，更不能采用填海造地等严重影响海域自然属性的用海功能。此外，在区域的海洋管理要求中有些明确禁止的用海方式，例如渔业设施基础建设区内严格进行跨海大桥等项目建设的审批等。

2. 海域使用分类体系和海洋功能区划分类体系都是以海域用途为主要分类依据的，两者可以建立对应的关系。因此在分析项目海域使用功能与所在海域主导功能之间是否存在对应关系时，如果海域使用的类型能同海域主导功能相对应，则可以进行层叠用海兼容性的论证，如果不对应，如在养殖区内进行小型渔业码头的建设，则需要进行第三步的具体分析。

3. 重点分析海域的开发利用目的是否服务于海域的主导功能。为了服务港口功能，可以在港口区建设跨海桥梁；为了方便海域使用着进行养殖活动，可以在养殖区内建设小型的渔业码头。通过重点分析之后，如果用海项目开发的目的是为了服务于该海域单元的主导功能，则说明该功能与所在海域的主导功能兼容并可以长期共存,如果该项目开发不是为了服务于海域的主导功能,则进入下一步的分析。

4. 论证该层叠用海项目是否符合海域空间的环境保护要求。一般来讲海洋空间可以兼容开发时对海域的自然属性改变较低,并且对水质、沉积物和生物质量要求一致或要求更高的类型。这样就可以解决海洋开发多宜性和海域区划平面化单一化的矛盾。但是在项目论证时候必须注意只有在主导功能未开发前可进行以上述用海项目的适度开发且不能建设固定设施,并且要求根据实际情况确定海域的使用年限不宜过长。[83]

下图为对海洋兼容性进行评估的流程图:

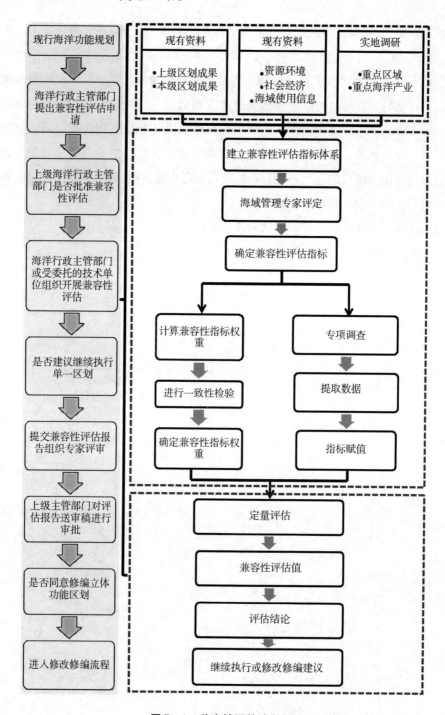

图7-1 兼容性评估流程图

7.2　主导功能和非主导功能用海的关系

7.2.1　主导功能对非主导功能的影响

主导功能是指在海域诸多用海功能中处于突出地位和起主导作用的功能,它影响和左右着海域单元其他功能的运行,甚至决定海域单元的性质和发展方向。

例如某海域单元主导功能应水产养殖,那就应该在海洋生态环境特别保护和海洋资源可持续利用的前提下,发展水产养殖,同时适当兼顾港口、旅游的开发。

表 7 - 1　主导功能对非主导功能的影响

一级类	二级类	对海域其他用海项目的影响
交通运输用海	港口工程	项目施工期主要污染物为悬浮泥沙,营运期主要问题是对沿岸泥沙流的改变可能导致的海岸演变不确定性的增加。
		综合码头的修建对开发旅游市场,发展旅游经济意义重大,增加区域交通能力,促进周边旅游业的发展和海洋产业的发展,主要的排他性行为是与水产养殖业的矛盾。
		改变使用海域的自然属性,对工程所在海域的自然环境、生态资源和环境将产生影响。
	路桥用海	项目施工队工程占用的海域渔业资源和渔业生产的影响较大。可能导致渔业作业与工程建设和通航安全保障之间的矛盾。
工矿用海	临海工业用海	电厂码头、航道、锚地等涉海工程与港口工程具有兼容性,对附近船只的航行产生影响不大,对海洋捕捞不会产生大的影响,但对厂址附近的滩涂养殖和围塘养殖产生明显影响。
	开采用海	短期内对浮游生物光合作用不利,初级生产力下降,对局部底栖动物造成毁灭性破坏。开采位置如不处于船舶运行的交通运输航道上故对海上交通运输不存在影响。
旅游娱乐用海	海上娱乐用海	在工程施工过程中产生悬浮物,对附近海域的透明度有一定的影响。在正常情况下不会产生明显的污染源,不会对当地生态造成大的影响。

7.2.2 主导功能对非主导功能的变异

海域空间的主导功能是不断发展变异的。所谓变异就是指已有的主导功能被新的主导功能所取代,使海域空间的性质发生了显著的变化,从而也使整个海域空间的结构发生质的变化。海域空间在变异进化过程中得到发展,海域空间功能在变异进化过程中得到进化。海域空间功能发展过程中的重要规律就是主导功能变异进化。海域空间通过变异才有发展前途,海域空间通过变异才有生命力。海域空间主导功能的变异表现为海域空间主导产业的变异,地理区位优势的变化、自然资源优势的变化与产业结构的变化都会导致主导产业的变异。

7.3 基于主导功能用海的层叠用海兼容性评估

7.3.1 层叠用海兼容性评估的指导思想

对于层叠用海兼容性进行评价,可以采用层叠用海兼容性评价模型。模型的具体实施包括定性和定量两个方法。一是定性方法,主要针对兼容评估的过程进行;二是定量方法,即选取评价指标,然后对评价指标进行无量纲化处理,选择合适的数学模型对评价指标体系进行合成,通过层次分析法确定指标权重,之后得出评价指根据判断标准判断价值处在哪个位置,依次来判断层叠用海的兼容性是否能够成立。目前国内对定量方法的研究比较深入,基本可以解决在评估实施过程中出现的复杂性和不确定性等问题。

1. 基本设计思想

(1)利用一定的定量指标来了解分析层叠用海的具体情况,预测层叠用海的状况和趋势,从整体上考评该层叠用海项目的价值意义和存在的局限性。通过评估活动来进一步对海洋开发进行规范和约束,达到引导促进海洋产业合理布局和提高沿海区域发展总体质量水平的目标。

（2）选择层叠用海兼容性评价指标体系中的每项指标时，应该从综合的角度考虑该指标在整个指标体系中的作用和地位。确定评价指标的名称、含义和口径范围，能反映某一特定内容的性质和特征。另外还需要考虑各指标相关数据的可获取性。

（3）通过对层叠用海执行情况、执行效果和依赖条件变化的评估，了解对海洋资源环境、社会经济发展影响的有关指标并进行量化，形成一个科学合理、完备、可操作性强的评价体系，使管理者和决策者从宏观上把握全局，掌握层叠用海在实施过程中对区域发展的影响，便于统筹兼顾、协调发展。

2. 评价指标选取原则

为了达到良好的评估效果必须选择合适的指标评价体系，特别注意的是指标在选取时应该遵循以下原则：

（1）代表性原则。综合指标的选取要尽量具有代表性和专业性，能够更加准确与简洁的描述实现层叠用海的要求，选定的评估指标可以客观地反映层叠用海对各个方面的影响。

（2）可比性原则。要求指标在全国范围内具有一定的可比性，这样在实施起来会更具有有效性，解决地区之间进行比较分析的困难。

（3）实用性原则。指标的选取在数量方面要考虑其适当性，尽量不出现指标重叠现象。同时指标的定义要清晰简洁，避免可能存在误解和歧义的指标。并且尽量与现有的统计调查数据兼容。

3. 兼容性评估总体框架

按照我国《海洋功能区划技术导则》的要求，我国管辖海域划定了 10 种主要海洋功能区，分别为：港口航运区、渔业资源利用和养护区、矿产资源区、旅游区、海水资源利用区、海洋能利用区、工程用海区、海洋保护区、特殊利用区保留区。[84]对于划定的海域单元，可以通过相应的评价指标确定该海域单元适合发展的功能，并对这些功能进行排序。对于层叠用海区域，在兼容性评估上可以遵循以下的总体框架：

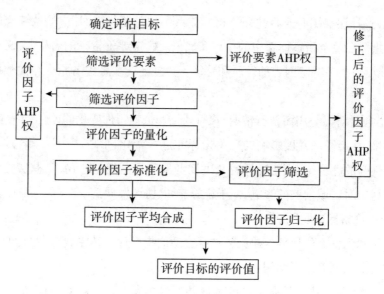

图 7 - 2　层叠用海兼容性评估总体框架图

4. 各用海项目的兼容性指标选取

为了便于论证,下图简单统计了各用海项目的兼容性及主要涉及的论证指标。[85] 例如相互有益的用海项目为工矿用海和交通运输用海;相互有害的用海项目为交通用海与渔业用海、海底工程与交通运输、海底工程与工矿用海;对渔业用海项目有害的用海项目有工矿用海、海底工程和排污倾倒;对旅游用海项目有害的用海项目有排污倾倒。此外还有一些用海项目之间关系不确定,需要根据实际情况进行论证,例如渔业用海与旅游用海、交通用海和围海造地、旅游用海和海底工程等。

在海域空间层叠利用兼容性评估因素的选取过程中,结合各地不同类型用海的实际情况,根据评价单元海域的自然特点及周边社会经济特点,着重选取能体现海域自然、资源、环境及社会经济地域差异的,对我国沿海各地海域质量与价格有重大影响,并具覆盖面广、典型代表性、指标值变化范围较大的因素,建立影响因素评价体系,某些因素对于不同类型用海,为必选的,某些则根据各地实际情况可选可不选。评价指标的选取及权重是海域空间层叠利用兼容性评价待解决的关键问题。以渔业用海与旅游用海为例,可选择的评估指标如下表 7 - 2,表 7 - 3所示:

渔业用海							
交通运输	×						
工矿用海	★	√					
旅游用海	※	☆	☆				
海底工程	★	×	×	※			
排污倾倒	★	★	★	★	※		
围海造地	※	※	※	※	★	※	
J／I	渔业用海	交通运输	工矿用海	旅游用海	海底工程	排污倾倒	围海造地

注：×相互有害；√相互有益；☆对 J 有害；★对 I 有害；※关系不定

图7－3 用海项目兼容性分析

表7－2 渔业用海与旅游用海的评估指标

用海分类	评估指标（自然、资源、环境条件）												
	海岸类型	水深条件	海洋灾害	海洋地质状况	人均海岸线占有率	人均用海面积	评估单元据海岸远近	海水水质等级	海洋资源丰度	海洋资源储量	海域开发利用率	海域使用等级	周边交通便利度
渔业用海	○	√	√	√	○	○	√	√	√	○	√	√	○
旅游用海	√	√	√	√	√	√	○	√	√	○	√	√	√

注：√为必选 ○为可选

表7-3　渔业用海与旅游用海的评估指标

用海分类	评估指标（社会经济条件）										
	人均海洋产业产值	海洋产业增长率	海洋产业规模等级	购置待开发海域费	开发投资成本	年吞吐量	年产量	年产值或年收入	年生产或经营费	年净利润	单位面积用海效率
渔业用海	○	√	○	○	√	○	√	√	√	√	√
旅游用海	√	○	√	○	√	○	○	√	√	√	√

注：√为必选　○为可选

7.3.2　层叠用海兼容性评估的指标体系

指标体系的构建要应用层次分析法对研究对象进行分析,在此过程中必须要遵循全面性和层次性的原则。评价指标体系一般分为三层:目标层、评价项目层和评价指标层。首先,将层叠用海兼容性评估作为指标体系的总体目标,设置为目标层;其次,将总体目标下的子目标设置为评价项目层;最后将评价项目层的各个主要因素设置为评价指标层。[86]

因此,本研究所构建了由三个层次,即目标层、评价项目层、评价指标层构成的层叠用海兼容性评价指标体系。针对不同的评价准则,选取了海域自然契合度、海域需求空间、海域使用情况、投资收益能力及海域资源环境承载力五个方面的指标共19项。

目标层为 A:准则层为 A = {B1,B2,B3,B4,B5},其中 B1 代表海域自然契合度、B2 代表海域需求空间、B3 代表海域使用情况、B4 代表投资收益能力、B5 代表海域资源环境承载力。

指标层为:B1 = {C1,C2,C3,C4,C5};

B2 = {C7,C8};

B3 = {C8,C9,C10,C11};

B4 = {C12,C13,C14,C15};

B5 = {C16,C17,C18,C19};Ci 分别代表上述指标体系中的不同指标。

1. 层叠用海兼容性评估论证指标体系

考虑指标体系的设计原则与评价方法,通过分析各指标层对层叠用海兼容性评估的影响的程度,建立层叠用海兼容性评估指标如下表所示:

表7-4 层叠用海兼容性评估指标

项目	主要指标
B1 海域自然契合度	C1 水深条件
	C2 水质等级
	C3 资源丰度
	C4 海洋地质情况
	C5 海洋灾害风险
B2 海域需求空间	C6 需求强度
	C7 需求收入弹性
B3 海域使用情况	C8 海域开发强度
	C9 区域海洋发展水平
	C10 毗邻陆域社会经济发展水平
	C11 区域属性契合度
B4 投资收益能力	C12 开发投资成本
	C13 年产值或年收入
	C14 年生产或经营费
	C15 年净利润
B5 海域资源环境承载力	C16 环境资源契合度
	C17 空间布局合理性
	C18 价值关联性
	C19 海域发展潜力

2. 层叠用海兼容性评估指标解释

(1)水深条件、水质等级、资源丰度及海洋地质情况是否适应层叠用海兼容使用需要。该指标反映了海域单元内海域自然契合度对层叠用海的适宜程度,可重点考虑沉积物质量、海洋环境质量和生物质量等因素。[87]

(2)海洋灾害风险:沿海地区遭受的灾害损失,一方面受灾害本身的程度与规模影响,同时也受沿海区域经济发展水平的影响。因此该系数由灾害等级与经济强度两个方面构成。

（3）衡量市场需求的大小可以使用需求强度这个相对指标,该指标可以近似地看成其所在海域对层叠用海功能需求量的大小。[88]

（4）需求收入弹性可以反映市场需求的未来发展前景。层叠用海海域项目需要考虑动态的因素,在论证用海兼容性时应偏向需求收入弹性系数高的项目作为主导功能,以适应市场未来发展的需要。

（5）海洋开发强度指人类经济活动对海域资源的开发强度和水平,也同时反映了人类活动对海洋资源的压力程度。综合体现了人类对自然海域的利用开发程度。

（6）区域海洋经济发展水平。该指标反映了海域的发展状况和经济增长能力,可以参考单位海域面积的经济效益和区域 GDP 增长速度两个指标。

（7）毗邻陆域社会经济发展水平。海域相邻的陆域的社会经济发展水平对海洋开发起到重要影响作用,具体可以参考陆域人均 GDP 和 GDP 增速等相关指标。

（8）区域属性契合度。用海项目的区域属性契合度指的是用海单位内该用海项目产值占区域用海项目生产总值比重与海域范围内用海项目产值占用海项目生产总值比重的比值。

（9）投资收益能力。注意包括开发投资成本、年产值或年收入、年生产或经营费以及年净利润等要素。

（10）环境资源契合度。环境资源指标可以分解为若干个具体的指标,需要分别评估层叠用海项目对环境资源若干因素的占有情况以及若干因素对该层叠用海项目的影响权重,通过加权和得到层叠用海项目的环境资源契合度。

（11）可利用海洋空间资源。可利用滩涂资源,可利用岸线资源、可利用岸线比重,可利用滩涂资源比重都可以海洋空间资源的可利用程度。

（12）用海项目子系统对其他功能带动能力。可将每一个用海项目功能对其他功能的带动作用求和,得总值可作为该层叠用海功能对海域的整体带动能力。

（13）海洋发展潜力。影响海洋发展潜力影响的指标较多,具体包括海上交通优势度、海洋科技创新能力和入海陆源污染管治能力等。

7.3.3 层叠用海兼容性评估方法与模型

主观赋值法和客观赋值法都是指标权重的确定方法。主观赋值法是指评估者根据经验,通过对各指标进行比较,依照对其重视程度的区别来确定权重,如层次分析法、模糊综合评价法等。而客观赋值法是根据调查问卷对客观数据的大量收集,或通过抽样调查,根据客观原始数据之间的紧密联系和统计学技术,来确定指标的权重,如熵值法,复相关系数法等。

层叠用海往往涉及大量相互关联的自然和社会要素,众多的要素常常给分析带来很大的困难,同时也增加了运算的复杂性,更重要的是有时选用哪些因素作为评价指标更为适合难以决断。为了减少盲目性,增加合理性,可以利用专家打分的方法来确定评价指标。评价指标的筛选,引用层次分析法,也就是先将于评价目标有关的各因素成对地比较,然后再确定权的方法。层次分析法是一种定性和定量相结合的、系统化的、层次化的分析方法。

1. 建立层次结构模型

层次结构模型具体包括三个层次,即目标层、准则层或指标层及方案层。

2. 构造成对比较矩阵

设某层有 n 个因素 $X = \{x_1, x_2, \cdots, x_n\}$,分别将这些因素对其上层目标(准则)的影响进行比较,确定其在该层中相对于准则所占的比重。该比较选择 $1 \sim 9$ 尺度,是对因素之间进行两两比较。

访问海洋资源管理方面的专家,将各因素进行两两比较,确定因素 i 对因素 j 的相对重要性的标度值 $a_{ij}(i = 1, 2, \cdots, k; j = 1, 2, \cdots k; k$ 为因素的个数$)$,a_{ij} 的取值方法为:[89]

$$i,j \text{ 比较} \begin{cases} \text{极为重要记为 9} \\ \text{重点的多记为 7} \\ \text{重要记为 5} \\ \text{稍重要记为 3} \\ \text{一样重要记为 1} \\ \text{稍次要记为 1/3} \\ \text{次要记为 1/5} \\ \text{次要得多记为 1/7} \\ \text{极为次要记为 1/9} \end{cases}$$

2,4,6,8 用于重要性标度之间的中间值。将结果写成矩阵得到比较矩阵 A

$$A = (a_{ij})_{k \times k}$$

该矩阵是一个 m 阶互反性判断矩阵,矩阵元素有 $a_{ii} = 1$, $a_{ij} = 1/a_{ij}$。

3. 计算单排序权向量并做一致性检验

然后利用方根法求因素的权重,并进行一致性检验。这种方法的步骤为:按行元素求几何均值,得

$$\overline{w'_i} = k\sqrt{\prod_{j=1}^{k} a_{ij}}$$

规范化,即得权重系数 $= w_i = \dfrac{\overline{w'_i}}{\sum_{i=l}^{k} \overline{w'_i}}$

计算每个成对比较矩阵的最大特征值和对应的特征向量,然后做一致性检验,主要利用一致性指标、随机一致性指标和一致性比率。如果检验能够通过,则归一化的特征向量即为权向量。

4. 计算总排序权向量并做一致性检验

计算最下层对最上层总排序的权向量,利用总排序一致性比率:

$$CR = \frac{a_1 CI_1 + a_2 CI_2 + \cdots + a_m CI_m}{a_1 RI_1 + a_2 RI_2 + \cdots + a_m RI_m} \qquad CR < 0.1 \qquad 进行检验。$$

若通过,则可按照总排序权向量表示的结果进行决策,否则需要重新考虑模型或重新构造那些一致性比率 CR 较大的成对比较矩阵。

专家打分法可以筛选出比较有代表性的评价要素,摒弃相关性较差的评价要素。可以根据需要,划定较小的数(比如 0.005)作为阈值,用 u 表示,取 $w_i > u$ 的权重 $\overline{w_i}$ 对应的 m 个因素为所要评价目标的评价指标。

7.3.4 层叠用海兼容性评估指标的权重

为了避免层次分析法计算的复杂性及进行层次单排序和综合排序,选择层次分析法软件(yaahp)来计算各指标的权重。层次分析法软件是 AHP 理论为基础的软件,是比较客观的决策支持工具,利用 yaahp 软件进行 AHP 分析的步骤如下:

建立层叠用海兼容性评估指标体系模型,如下图所示:

2. 根据熟悉海域空间层叠利用的专家单独打分,分别确定各指标的相对重要程度,构建两两判断矩阵,通过 yaahp 工具栏中的"判断矩阵"命令,将层叠用海兼容性评估各指标相对重要性判断输入。通过"结果计算"命令,软件自动计算出各

个指标的绝对权重值。

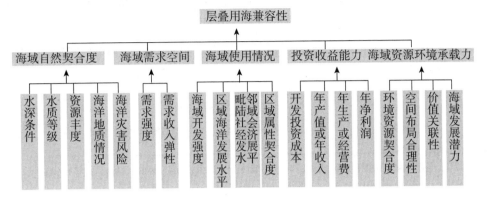

图 7 – 4　yaahp 软件中层叠用海兼容性评估指标体系模型图

最终结果

备选方案	权重
水质等级	0.0784
资源丰度	0.0431
海洋地质情况	0.0152
海洋灾害风险	0.1571
水深条件	0.0366
需求强度	0.0152
需求收入弹性	0.0607
海域开发强度	0.0255
区域海洋发展水平	0.0052
毗邻陆域社会经济发展水平	0.0038
区域属性契合度	0.0230
开发投资成本	0.0249
年产值或年收入	0.0080
年生产或经营费	0.0209
年净利润	0.0464
环境资源契合度	0.0366
空间布局合理性	0.0991
价值关联性	0.0809
海域发展潜力	0.2194

图 7 – 5　兼容性评估指标的绝对权重值

3. 通过"显示详细数据"命令,得到 yaahp 软件计算出的层次单排序和总排序。通过 yaahp 进行运算得出各分指标一致性比例分别为 B1 = 0.0683；B2 = 0.0000；B3 = 0.0232；B4 = 0.0171；B5 = 0.0077,总指标的一致性比例为 A = 0.0666,均小于 0.10,所以认为各分指标和总指标的判断矩阵取值均为满意的一致性。

1. 层叠用海兼容性　判断矩阵一致性比例：0.0666；对总目标的权重：1.0000；\lambda_{max}：5.2982

层叠用海兼容性	海域自然契合度	海域需求空间	海域使用情况	投资收益能力	海域资源环境承载力	Wi
海域自然契合度	1.0000	5.0000	5.0000	5.0000	0.5000	0.3304
海域需求空间	0.2000	1.0000	1.0000	1.0000	0.2000	0.0759
海域使用情况	0.2000	1.0000	1.0000	0.2500	0.2000	0.0575
投资收益能力	0.2000	1.0000	4.0000	1.0000	0.2000	0.1002
海域资源环境承载力	2.0000	5.0000	5.0000	5.0000	1.0000	0.4360

2. 海域自然契合度　判断矩阵一致性比例：0.0683；对总目标的权重：0.3304；\lambda_{max}：5.3059

海域自然契合度	水质等级	资源丰度	海洋地质情况	海洋灾害风险	水深条件	Wi
水质等级	1.0000	2.0000	5.0000	0.3333	3.0000	0.2372
资源丰度	0.5000	1.0000	3.0000	0.1667	2.0000	0.1303
海洋地质情况	0.2000	0.3333	1.0000	0.1667	0.2500	0.0461
海洋灾害风险	3.0000	6.0000	6.0000	1.0000	3.0000	0.4756
水深条件	0.3333	0.5000	4.0000	0.3333	1.0000	0.1108

3. 海域需求空间　判断矩阵一致性比例：0.0000；对总目标的权重：0.0759；
λ_{max}：2.0000

海域需求空间	需求强度	需求收入弹性	Wi
需求强度	1.0000	0.2500	0.2000
需求收入弹性	4.0000	1.0000	0.8000

4. 海域使用情况　判断矩阵一致性比例：0.0232；对总目标的权重：0.0575；
λ_{max}：4.0620

海域使用情况	海域开发强度	区域海洋发展水平	毗邻陆域社会经济发展水平	区域属性契合度	Wi
海域开发强度	1.0000	4.0000	9.0000	1.0000	0.4428
区域海洋发展水平	0.2500	1.0000	1.0000	0.2500	0.0904
毗邻陆域社会经济发展水平	0.1111	1.0000	1.0000	0.1667	0.0667
区域属性契合度	1.0000	4.0000	6.0000	1.0000	0.4001

5. 投资收益能力　判断矩阵一致性比例：0.0171；对总目标的权重：0.1002；
λ_{max}：4.0457

投资收益能力	开发投资成本	年产值或年收入	年生产或经营费	年净利润	Wi
开发投资成本	1.0000	4.0000	1.0000	0.5000	0.2487
年产值或年收入	0.2500	1.0000	0.5000	0.1667	0.0794
年生产或经营费	1.0000	2.0000	1.0000	0.5000	0.2091
年净利润	2.0000	6.0000	2.0000	1.0000	0.4628

6. 海域资源环境承载力　判断矩阵一致性比例：0.0077；对总目标的权重：0.4360；λ_{max}：4.0206

海域资源环境承载力	环境资源契合度	空间布局合理性	价值关联性	海域发展潜力	Wi
环境资源契合度	1.0000	0.3333	0.5000	0.1667	0.0839
空间布局合理性	3.0000	1.0000	1.0000	0.5000	0.2273
价值关联性	2.0000	1.0000	1.0000	0.3333	0.1856
海域发展潜力	6.0000	2.0000	3.0000	1.0000	0.5032

图 7-6　兼容性评估指标的层次单排序和总排序

为便于观察,将计算出的层次单排序和总排序整理如下表:

表7-5 层次单排序和总排序列表

目标层	项目	权重	指标	权重
层叠用海兼容性 A	海域自然契合度 B1	0.3304	水质等级 C1	0.0784
			资源丰度 C2	0.0431
			海洋地质情况 C3	0.0152
			海洋灾害风险 C4	0.1571
			水深条件 C5	0.0366
	海域需求空间 B2	0.0759	需求强度 C6	0.0152
			需求收入弹性 C7	0.0607
	海域适用情况 B3	0.0575	海域开发强度 C8	0.0255
			区域海洋发展水平 C9	0.0052
			毗邻陆域社会经济发展水平 C10	0.0038
			区域属性契合度 C11	0.0230
	投资收益能力 B4	0.1002	开发投资成本 C12	0.0249
			年产值或年收入 C13	0.0080
			年生产或经营费 C14	0.0209
			年净利润 C15	0.0464
	海域资源环境承载力 B5	0.4360	环境资源契合度 C16	0.0366
			空间布局合理性 C17	0.0991
			价值关联性 C18	0.0809
			海域发展潜力 C19	0.2194

根据评价指标的权重,选取 $u = 0.006$,这样依次筛选掉:毗邻陆域社会经济发展水平、区域海洋发展水平、年产值或年收入这三个指标。

7.3.5 层叠用海兼容性评估的量化处理

实现评估指标定量化的方法为给定性指标以明确定义,之后根据指标定义,结合具体的技术参数,将定性指标转化为定量指标,使得各指标之间具有可比性。

1. 评价指标的标准化方法

无量纲化是通过数学变换来消除原始变量量纲影响的方法。因为在评估中设计到众多的指标,而且这些指标的选取角度都有不同的侧重点,指标的含义和计算方法均不同,导致了各指标的量纲差异过大,评估标准不同,因此不能在一起进行对比。将指标体系进行无量纲化处理可以达到将不同指标结合成为综合评价指标的目标。无量纲化在操作过程中注意资料的可兼容性和选取方法的可操作性,通过统计的方法来进行,常用的四种方法如下:

(1) $\mu_i = \dfrac{x_i - b_i}{a_i - b_i}, \mu_i = \dfrac{b_i - x_i}{b_i - a_i}$

式中: μ_i ——第 i 个指标的评估值; x_i ——实际值; a_i, b_i ——指标上下限。

(2) $K_i = x_i / x_{i0}$

式中: K_i ——第 i 个指标的评估值; x_i ——实际值; x_{i0} ——该指标对应的比较基数。

(3) $a_i = (x_i / s_i)^c \times 100$

$a_i = [1 - (x_i - s_i)/s_i]^c \times 100$

$a_i = [1 - (s_i - a_i)/s_i]^c \times 100$

式中: a_i ——第 i 个指标的评估值; s_i ——标准值或限制值; x_i ——实际值; c ——刻画模糊度的常数,一般 c 大于1,值越小模糊度越低。

(4) $K_i = (\ln x_i - \ln x_{i1})/(\ln x_{i2} - \ln x_{i1})a + b$

$K_i = (\ln x_i - \ln x_i)/(\ln x_{i1} - \ln x_{i2})a + b$

K_i ——第 i 个指标的评估值; x_i ——实际值; x_{i1}, x_{i2} ——指标上下限

一般取 $a = 40, b = 60$

2. 评价指标修正的 AHP 权

某一评价指标相对于评价目标的重要性产生影响,也就是上面论述过的 AHP 权。同时,对于不同层次的评价指标也有不同的权重。[90]选取 u = 0.006,这样依次筛选掉毗邻陆域社会经济发展水平、区域海洋发展水平、年产值或年收入等三个指标后,重新归一化后得到各评价指标的权重。因此,第 i 个评价指标的 AHP 权修正值为:

$$\overline{\omega_i} = \frac{\omega_i^*}{\sum_{i=1}^m \omega_i^*}$$

式中, ω_i^* ——筛选出来指标的原权重。

表 7-6　筛选指标后修正的 AHP 值

目标层	项目	指标	权重
层叠用海兼容性 A	海域自然契合度 B1	水质等级 C1	0.0798
		资源丰度 C2	0.0438
		海洋地质情况 C3	0.0155
		海洋灾害风险 C4	0.1598
		水深条件 C5	0.0372
	海域需求空间 B2	需求强度 C6	0.0155
		需求收入弹性 C7	0.0617
	海域适用情况 B3	海域开发强度 C8	0.0259
		区域属性契合度 C11	0.0234
	投资收益能力 B4	开发投资成本 C12	0.0253
		年生产或经营费 C14	0.0213
		年净利润 C15	0.0472
	海域资源环境承载力 B5	环境资源契合度 C16	0.0372
		空间布局合理性 C17	0.1008
		价值关联性 C18	0.0823
		海域发展潜力 C19	0.2232

3. 指标平均合成的方法

通过算数平均法、几何平均法、平方平均法等对指标进行平均合成。实施评价者常选用几何平均值作为评价合成方法。[91]几何平均法能比较好的显示出各指标的实际差距。

$$C = \sqrt{\sum_{i=1}^{n} W_i K_i^2}, \quad \sum_{i=1}^{n} W_i = 1$$

其中,W—权重;K—各指标值

4. 指标评价标准

在指标评价标准方面,将结果分为 C≥80%, 60%≤C<80%,40%≤C<60% 20%≤C<40% 和当 C<20% 五个标准,具体效果评价评判标准如下:

表 7 – 7 层叠用海兼容性效果评判标准

综合评分值	评价标准
C≥80%	好
60%≤C<80%	较好
40%≤C<60%	一般
20%≤C<40%	较差
C20<%	差

层叠用海兼容性评估作为海洋资源管理与开发中的新课题,评价方法与模型还有待进一步深入研究,在海洋功能区划制度实施管理中,建立健全的层叠用海兼容性评估制度,有利于海域的综合利用及效益最大化,有利于海洋功能区划的合理修改及修编,有利于海洋经济的可持续发展。

第八章

海域空间层叠利用的立体功能区划

海洋立体功能区包括水上、水中、水下和海底四个层次,每个层次都可用于不同的功能,即使是相同的层次也可以用作不同的功能,因此海洋立体功能区是三维空间对象。对海域空间的层叠利用功能区进行立体功能区划成为海洋资源管理中的新课题。

层叠利用的海域空间拥有其自然属性和人文属性,这些属性构成了海域空间层叠利用的立体功能的功能集合,在主导功能的基础上进行用海优序的确定,在此基础上进行海域开发利用,不仅能够使海域自然资源和海域环境的资源价值得到充分的发挥,又能保证区域经济社会可持续发展的需要。

8.1 海域空间层叠用海的相关关系

众多的资源类型决定功能种类及功能主次的多宜性和重叠性,而同一海域通常形成资源利用与保护依赖性、互补性、兼容性和排他性。正确处理这些关系,对功能取舍和排序是非常重要的。

8.1.1 自然属性与社会属性关系

自然属性是划分和确定海洋立体功能区的先决条件,海洋功能及其立体功能区范围的确定,首先是由其自然资源和自然环境所决定的。人类在开发利用海洋资源的环境时,只能是充分认识和利用自然规律,并严格按规律办事,这样才能达到预期的目的。因此对特定区功能的确定,首先要看其资源的类型和其环境条件,即自然属性。因此在海洋立体功能区划过程中,首先考虑不同海区的自然属性。

社会属性是划分海洋立体功能区的充分条件。社会属性强调的是人类对海洋功能资源是否进行利用,何时利用,以及利用的程度和深度。它体现在由社会条件和社会需求而坐出的各种不同层次海洋经济发展战略、规划和计划之中。这种社会属性应体现出对海洋资源开发利用方向和海洋产业布局的总体把握和资源环境利用、保护最佳效益的选择。因此立体功能区划的时候,将社会属性作为充分条件予以重视,不仅有利于功能的优先排序(主导功能与一般功能),而且能使立体功能区划更好地服务海洋经济的发展使之更具有可操作性。

8.1.2　区划与开发利用现状的关系

立体功能区划要考虑海洋开发现状,只要开发现状不违背自然规律,有悖于海区整体功能的利用和发挥,区划中都应该予以充分考虑,尽量把区划与开发利用现状有机结合起来。立体功能区划是对开发利用现状的一次再认识。对于不合理的开发现状,应阐明开发的不合理性。在区划中,按照轻重缓急、有主有次,有先有后的原则合理地选择功能。予以保留的应该是开发利用功能与主导功能一致的部分,但如果已经开发的功能不是主导功能但并未影响开发大局,可以在以后的开发过程中适当限制规模并加以引导。如果开发现状与主导功能存在根本性的矛盾,则在后继的开发过程中要调整开发方向。[92]

8.1.3　区划与规划的关系

区划与规划的基础。两者的主要区别主要表现在以下几个方面:

1. 立体功能区划只考虑开发利用的治理保护的合理布局,特定区域安排那种功能可以产生功能可以产生最佳效益;而规划必须加以时间坐标,按不同经济发展时期安排开发利用和治理保护,它必须在立体功能区划所依据的条件上,再加上时间、资金和技术水平等因素。

2. 立体功能区划立足点是海洋合理开发利用及治理保护的选址问题,所以它立足于海洋的自然属性;而海洋规划则着眼于怎样实现海洋最佳经济效益,所以它立足于海洋的社会属性。

3. 立体功能区划考虑的核心问题是区域具备什么的功能,安排哪种功能开发利用最佳;海洋规划则执行价值规律,只要经济,既可以用本地资源,也可以用外地资源,甚至是国外资源。虽然二者存在差异但无论是立体功能区划还是海洋区划,都是人们通过海洋区域条件的客观认识所制定的一种选择性安排,以便组织开发的各种活动。对规划合理的内容进行融合和兼顾,对不合理的内容进行协调和调整。

8.1.4 重叠功能之间的关系

海洋及其所依托陆域往往具有开发利用和治理保护的广宜性,即同一区域往往出现不同功能多层次的重叠问题。其中既有功能间互不干扰的立体功能区重叠(可兼容性或一致性),又有功能间明显矛盾或冲突的立体功能区重叠(排他性或不兼容性)。当各功能间存在矛盾且互不兼容时,需要把与之不能兼容的功能舍去。立体功能区划排序主要依照的原则有,首先是对自然综合体和社会综合体进行分析,优先考虑自然综合体的完整性和可持续利用,并能带动区域经济发展或对全局起重要作用的功能;之后考虑保护、保留功能优先于其他功能以及优先安排资源和环境备择性窄的功能;在再生资源和非再生资源发生矛盾时,优先考虑再生资源。

8.1.5 整体与局部、长期与短期之间的关系

区划既要考虑局部资源开发和经济发展的需要,又要注重其在整体范围内总的效益和需求,短期开发行为让位于长期发展利益。按照生态环境保护和可持续发展的观点,当区域自然客体因认为开发活动受到破坏,并影响到未来的整体利益时,强调环境治理和保护,区划要突出环境治理、资源恢复功能的布局,把生态环境的保护放在首要位置。

8.2 海域空间层叠利用的用海优序

8.2.1 模糊综合评价法的基本原理

模糊数学是研究和揭示模糊现象的一种定量处理方法,而模糊评价法是一种基于模糊数学的综合评价方法。模糊数学评价法根据模糊数学的隶属度理论,把定性评价转化为定量评价,是对受到多种因素制约的事物做出总体的评价。[93] 该方法能够较好的解决模糊的和难以量化的问题,具有结果清晰,系统强的特点。1965 年,L. A. Zadeh(扎德)发表了文章《模糊集》(Fuzzy Sets,Information and Control,8,338 – 353),提出了模糊集合理论概念用以表达事物的不确定性。模糊综合评判法的主要步骤为:

设与被评价事物相关的因素有 n 个,记作 $U = (u_1, u_2 \ldots u_n)$ 称之为因素集或指标集,考虑用权重 $A = (a_1, a_2 \ldots a_n)$ 来衡量各因素重要程度的大小。又设所有可能出现的评语有 m 个,记作 $V = (v_1, v_2 \ldots v_m)$ 称之为评语集或评判集。具体步骤为:

第一步,确定因素(指标)集 $U = (u_1, u_2 \ldots u_n)$;

第二步,确定评判(评语)集 $V = (v_1, v_2 \ldots v_m)$;

第三步,进行单因素评判得到隶属度向量 $r_i = (r_{i1}, r_{i2} \ldots r_{im})$,形成隶属度矩阵:

$$R = \begin{pmatrix} r_{11} & r_{12} & \cdots & r_{1m} \\ r_{21} & r_{22} & \cdots & r_{2m} \\ \cdots & \cdots & \cdots & \cdots \\ r_{n1} & r_{n2} & \cdots & r_{nm} \end{pmatrix}$$

第四步,确定因素集权重向量,对评判集可数值化或归一化;

第五步,计算综合评判(综合隶属度)向量:对于权重 $A = (a_1, a_2 \ldots a_n)$,计算 $B = A \circ R$;

第六步,根据隶属度最大原则做出评判,或计算综合评判值。

8.2.2 模糊综合评价法在海洋资源管理中的应用

模糊数学是对模糊性现象进行研究和处理的数学理论和方法。模糊集合即边界不清楚的集合。模糊性是指客观事物的差异在中介过渡时所呈现的"亦此亦彼"的特性。模糊数学主要应用于模糊聚类分析、模糊综合评判、模糊决策与模糊控制等。模糊综合评价已经在医学、心理、气象、经济管理、地质、时候、环境、生物、农业、林业、化工、语言、控制、遥感、教育、体育等方面取得具体的研究成果。

现实世界中存在着大量的模糊现象,为了更科学的反映这些模糊现象,模糊综合评价法把模糊的概念用模糊集合来表示,从而把哲学上的从量变到质变的"度"对应为"隶属度",体现了把某一事物的质分解为不同的量,再通过量的处理去认识质的原则,把定量分析和定性分析结合了起来。海洋资源管理中也存在大量的模糊概念,这些概念之间并不能进行准确的界限区分,它们的存在正是应用模糊数学进行海域层叠功能优序确定的前提条件。

8.2.3 基于模糊综合评价的海域层叠功能优序确定方法

首先假设海域主导功能选择的评价指标集合 $U = \{u_1, u_2 \ldots u_n\} = \{$海域需求空间,海域契合度,价值带动力,投资收益能力$\}$

以上四个评价指标权重的确定引用层次分析法,为了避免层次分析法计算的复杂性,选择层次分析法软件(yaahp)来计算各指标的权重。层次分析法软件是AHP理论为基础的软件,是比较客观的决策支持工具,利用 yaahp 软件进行 AHP 分析的步骤如下:

1. 海域主导功能选择的评价指标模型,如下图所示:

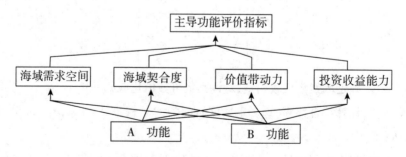

图 8 - 1 主导功能评价指标体系模型

2. 根据熟悉海域空间层叠利用的专家独立确定各指标的相对重要程度,构建两两判断矩阵,通过 yaahp 工具栏中的"判断矩阵"命令,将层叠用海兼容性评估各指标相对重要性判断输入。通过"结果计算"命令,软件自动计算出各个指标的绝对权重值。

3. 通过"显示详细数据"命令,得到 yaahp 软件计算出的层次单排序和总排序。通过 yaahp 进行运算得出总指标的一致性比例为 A = 0.0688,小于 0.10,所以认为总指标的判断矩阵取值均为满意的一致性,其各因素权重确定为 A = (0.2,0.3,0.3,0.2),

之后确定评语集为 = |很好,好,一般,差|,邀请海域区划及评估领域专家若干位,分别对此项成果每一因素进行单因素评价,例如对此功能的需求空间,有50% 的专家认为"很好",30% 的专家认为"好",20% 的专家认为"一般"。由此得出该海域需求空间的单因素评价结果为 R = |0.5,0.3,0.2,0|,全部因素的评价结果为:

$$
R = \begin{pmatrix} R_1 \\ R_2 \\ R_3 \\ R_4 \end{pmatrix} = \begin{pmatrix} 0.5 & 0.3 & 0.2 & 0 \\ 0.6 & 0.3 & 0.1 & 0.1 \\ 0.5 & 0.2 & 0.2 & 0.1 \\ 0.4 & 0.3 & 0.2 & 0.1 \end{pmatrix}
$$

综合评价为: $B = A \circ R = (a_1, a_2 \ldots a_n) \circ \begin{pmatrix} r_{11} & r_{12} & \cdots & r_{1m} \\ r_{21} & r_{22} & \cdots & r_{2m} \\ \cdots & \cdots & \cdots & \cdots \\ r_{m1} & r_{m2} & \cdots & r_{mn} \end{pmatrix}$

$= (0.2, 0.3, 0.3, 0.2) \circ \begin{pmatrix} 0.5 & 0.3 & 0.2 & 0 \\ 0.6 & 0.3 & 0.1 & 0.1 \\ 0.5 & 0.2 & 0.2 & 0.1 \\ 0.4 & 0.3 & 0.2 & 0:1 \end{pmatrix}$ 其中"。"为模糊算子

假设有甲、乙、丙、丁四项用海项目,需要从中评选优秀项目。下图是各项海域使用功能的专家评价结果表:

表 8-1 海域使用功能专家评价结果表

项目	海域需求空间				海域契合度				价值带动力				投资收益能力			
	很高	高	一般	低	很高	高	一般	低	很高	高	一般	低	很高	高	一般	低
甲	0.6	0.2	0.1	0.1	0.1	0.2	0.7	0	0.2	0.6	0.1	0.1	0.6	0.3	0.1	0
乙	0.3	0.6	0.1	0	1	0	0	0	0.7	0.3	0	0	0.5	0.3	0.1	0.1
丙	0.1	0.3	0.5	0.1	1	0	0	0	0.1	0.3	0.6	0	0.3	0.3	0.4	0
丁	0.6	0.2	0.1	0.1	0.2	0.5	0.2	0	0.5	0.3	0.2	0	0.2	0.1	0.7	0

由上表,可得甲、乙、丙、丁四个项目各自的评价矩阵 R1、R2、R3、R4:

$$R_1 = \begin{pmatrix} 0.6 & 0.2 & 0.1 & 0.1 \\ 0.1 & 0.2 & 0.7 & 0 \\ 0.2 & 0.6 & 0.1 & 0.1 \\ 0.6 & 0.3 & 0.1 & 0 \end{pmatrix} \qquad R2 = \begin{pmatrix} 0.3 & 0.6 & 0.1 & 0 \\ 1 & 0 & 0 & 0 \\ 0.7 & 0.3 & 0 & 0 \\ 0.5 & 0.3 & 0.1 & 0.1 \end{pmatrix}$$

$$R3 = \begin{pmatrix} 0.1 & 0.3 & 0.5 & 0.1 \\ 1 & 0 & 0 & 0 \\ 0.1 & 0.3 & 0.6 & 0 \\ 0.3 & 0.3 & 0.4 & 0 \end{pmatrix} \qquad R4 = \begin{pmatrix} 0.6 & 0.2 & 0.1 & 0.1 \\ 0.2 & 0.5 & 0.2 & 0.1 \\ 0.5 & 0.3 & 0.2 & 0 \\ 0.2 & 0.1 & 0.7 & 0 \end{pmatrix}$$

用加权算子 $M(\bullet , \oplus)$,计算如下:

$$B1 = A \circ R1 = (0.2, 0.3, 0.3, 0.2) \circ \begin{pmatrix} 0.6 & 0.2 & 0.1 & 0.1 \\ 0.1 & 0.2 & 0.7 & 0 \\ 0.2 & 0.6 & 0.1 & 0.1 \\ 0.6 & 0.3 & 0.1 & 0 \end{pmatrix}$$

$$= (0.3, 0.37, 0.28, 0.05)$$

$$B2 = A \circ R2 = (0.2, 0.3, 0.3, 0.2) \circ \begin{pmatrix} 0.3 & 0.6 & 0.1 & 0 \\ 1 & 0 & 0 & 0 \\ 0.7 & 0.3 & 0 & 0 \\ 0.5 & 0.3 & 0.1 & 0.1 \end{pmatrix}$$

$$= (0.67, 0.27, 0.04, 0.2)$$

$$B3 = A \circ R3 = (0.2,0.3,0.3,0.2) \circ \begin{pmatrix} 0.1 & 0.3 & 0.5 & 0.1 \\ 1 & 0 & 0 & 0 \\ 0.1 & 0.3 & 0.6 & 0 \\ 0.3 & 0.3 & 0.4 & 0 \end{pmatrix}$$

$$= (0.41,0.21,0.36,0.02)$$

$$B4 = A \circ R4 = (0.2,0.3,0.3,0.2) \circ \begin{pmatrix} 0.6 & 0.2 & 0.1 & 0.1 \\ 0.2 & 0.5 & 0.2 & 0.1 \\ 0.5 & 0.3 & 0.2 & 0 \\ 0.2 & 0.1 & 0.7 & 0 \end{pmatrix}$$

$$= (0.73,0.3,0.28,0.05)$$

根据最大隶属度原则,四个项目的最终排序为:丁、乙、丙、甲。

8.3 海域空间层叠利用的立体功能区划

8.3.1 GIS 主要空间分析功能

空间分析是综合分析空间数据的技术的通称。空间分析是地理信息系统的核心内容之一,而矢量数据的空间分析是 GIS 空间分析的主要内容之一。GIS 不仅满足使用者对于地图的浏览与查看,还可以解决诸如哪里最近、周围有什么等综合地理要素位置和属性的问题,都需要用到 GIS 数据的空间分析功能 ARCGIS 矢量数据的空间分析主要是基于点、线、面三种基本形式,在 ARCGIS 中,矢量数据的空间分析主要是缓冲区分析、叠置分析和空间集合分析等主要功能。[94]

1. 缓冲区分析

缓冲区是指在地理空间目标中的影响范围或服务半径。如海域空间的污水污染源所影响一定的空间范围,又如港口设施的服务半径,航运航道对毗邻陆地的经济发展的相关影响。缓冲区分析是指以所分析的点、线、面为基础,在它们周围建立一定距离的带状区,来判断这些点、线、面对临近的影响程度和辐射程度,为相关决策提供依据。在进行缓冲区分析时通常分析主体、临近对象和作用条件等三类因素。

2. 叠置分析

叠置分析是地理信息系统中用来提取空间隐含信息的方法之一。叠置分析是把分别代表不同概念的多个数据层进行叠置,所产生的新的数据结果可以将原来各数据层面的属性进行综合。叠置分析对数据层存在两个要求,一是要求数据层必须基于相同的坐标系统及区域,二是要求数据层之间的基准面相同。通过叠置分析,可以确定同时具有相同地理属性的分布区域。点与多边形的叠加、线与多边形的叠加以及多边形与多边形之间的叠加都属于叠置分析的范畴。从理论上讲,叠置分析是通过对新要素属性进行逻辑交、逻辑并和逻辑差的运算。

3. 空间集合分析

空间集合分析是在叠置分析的基础上进行的逻辑选择过程,通常是按照两个逻辑子集给定的条件进行逻辑交运算、逻辑并运算、逻辑差运算等。[95] 如土地利用类型、土壤类型、河流水系分布等数据分别在不同的三个数据层上,在地理信息系统对其进行叠置后,根据指定条件进行逻辑运算,提取出需要的数据。逻辑交运算提取的数据是各数据层中共有(重叠)部分,与数学里的交运算相同(同时满足所给条件)。逻辑并运算提取的数据是各数据层中任一满足条件的所有部分,而非仅仅是重叠部分,与数学里的并运算相同(满足任何所给条件都为满足条件)。逻辑差运算提取的数据是从某一个数据层减去与另一个数据层共有(重叠)部分,与数学里的差运算相同。

8.3.2　叠置分析的概念与运算方法

叠置分析(overlay analysis)(又称叠加分析),是指将同一地区、同一比例尺、同一坐标系统、不同信息表达的两组或多组专题要素的图层进行叠加,从而产生一个新图层的过程。[96] 其目的是为了有效地综合多种地理要素,从其中提取出隐含的数据信息。叠置分析的目标是分析在空间位置上有一定关联度空间对象的空间特征和专题属性之间的相互关系,其结果不仅可以产生新的空间关系,还可以生成新的属性特征关系,能够发现多层数据间的相互联系和变化等特征,可以提取并挖掘出大量的隐含信息。而叠置分析的强大功能可以在众多的 GIS 软件中均可以轻松实现。叠置分析主要包括基于矢量数据的叠置分析和基于栅格数据的叠置分析。[97]

1. 基于矢量数据的叠置分析

(1)点与多边形的叠合

点与多边形的叠合是计算多边形对点的包含关系,将含多边形的图层与含点的图层进行叠加,目的是确定点具体落在哪个多边形内。如下图所示:

图8-2 点与多边形叠加

(2)线与多边形的叠合

它也是计算一种包含关系,但与点不同的是,往往一条线跨越多个多边形,这时将线目标进行切割与叠置,形成新的空间目标结果。如下图所示:

图8-3 线与多边形叠加

(3)多边形与多边形叠合

需要将两层多边形的边界全部进行边界求交的运算和切割,判断叠置的多边形分别落在原始多边形层的哪个多边形内,建立起叠置多边形与原多边形的关系。其目的是通过区域多重属性的模拟,寻找和确定同时具有几种地理属性的分布区域。如下图所示:

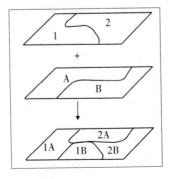

图8-4 多边形与多边形叠加

2. 基于栅格数据的叠置分析

栅格数据的叠置分析较矢量数据的叠置分析要简单得多,它主要是通过栅格间的各种运算来实现。可以对单层数据进行各种数学运算如加、减、乘、除、指数、对数等等,也可以通过数学关系式建立多个数据层之间的关系模型。设 a、b、c 等表示不同专题要素图层上同一个栅格单元的属性值,f 表示各层上属性与用户需求之间的关系,A 表示叠加后输出层的属性值,则可有这样的关系式: $A = f(a, b, c \cdots)$ 运算后得到的新属性值可能与原图层的属性意义完全不同。[98] 如下图所示:

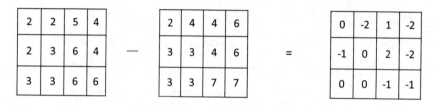

图 8 - 5   栅格数据叠加

8.3.3   海洋功能区划的叠加法

1. 叠置分析的依据

海洋功能区是指综合考虑海域及相应陆域的自然资源与环境资源,地理区位以及海域利用现状而划定的具有产业优势的功能。因此对海洋功能区进行叠置分析应重点考虑海域的自然属性、海域的开发现状以及用海规划的区划依据。

(1)海域使用现状

在实践基础上开发并利用海洋的功能属性,例如港口航运用海、工业用海、渔业用海等,这些用海功能充分反映着海域的本质功能属性。尤其是一些由海洋行政主管部门审批的大型的用海项目,不适宜轻易改变功能。[99]海域使用现状大部分具有合理性且客观存在。胶州湾使用现状主要是指青岛市胶州湾海域空间开发利用情况,根据资料形成的图层主要有:养殖区、滨海旅游区、港口区、自然保护区等。

（2）海域用海规划

根据青岛市城市发展总体规划,国民经济和社会发展计划以及各行业规划确定的规划图层主要包括:港口航运区、养殖区、工程用海区等。

2. 叠置分析的空间数据的建立

GIS 的空间叠加分析功能不仅可以实现空间数据的叠加分析操作,同时可以赋予叠加后形成的空间单元的新的属性值,对参加叠加分析的属性数据进行重新运算的同时保持其与原专题图层的联系。为了使叠加分析更加清晰规范,将叠加分析各类图层赋予利于标识的属性数据,以便在下一步的综合分析中保留分析的依据。专题数据设置功能区编号、分类、分类说明三个属性项。分类根据海洋功能区划分类体系确定,分类说明给出区划依据说明。下面以胶州湾海域为实例,说明叠置分析的过程,将海域用海现状和海域用海规划作为输入图层,以输入图层为基础,在 ARCGIS 中采用 GIS 空间分析工具中的"Union"工具进行叠加分析,结果图层生成渔业功能与旅游功能区块相叠置的区块,同时保留了各图层原来功能的分类属性。[100]根据输出图层的属性表,可以分析出单一功能区和叠加区的区块。

8.3.4 基于叠置分析的海域空间层叠利用立体功能区划模型

GIS 的空间叠加分析功能可以对参加叠加分析的属性数据进行重新运算,赋予叠加后形成的空间单元的新的属性值,同时保持其与原专题图层的联系。为了使叠加分析更加清晰规范,将叠加分析各类图层赋予利于标识的属性数据,这将为进一步的综合分析提供数据支持。

基于对海洋功能区划的理论和实践,海域空间层叠利用立体功能区划模型是主导功能、功能顺序、空间关系与用海规划的函数。假设 X 为层叠用海单元,其立体功能区划的结果为 C。N 为该层叠用海单元的主导功能,F_L 为该层叠用海单元的用海功能排序,F_S 为该层叠用海单元的用海功能空间关系,F_M 为层叠用海单元的用海区划。则海域空间层叠利用立体功能区划的数学模型可以表示为:

$$X = (N, F_L, F_S, F_M) \qquad \text{式}(7-1)$$

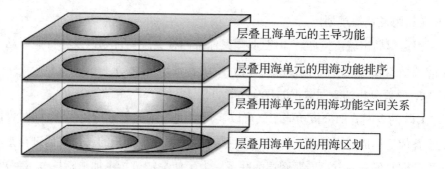

层叠且海单元的主导功能

层叠用海单元的用海功能排序

层叠用海单元的用海功能空间关系

层叠用海单元的用海区划

图 8-6 海域空间层叠利用立体功能区划模型

以渔业用海与旅游用海兼容为例,对于公式(7-1)中的变量 F_L 的确定,通常同海域主导功能与非主导功能用海优序的确定方法等综合分析获得,而变量 F_s 的确定,则体现了空间关系在层叠用海问题方面的具体应用。设有两个功能区渔业用海与旅游用海,层叠用海海域区划结果为 F_M,则当渔业用海、旅游用海为兼容关系时,

$$F_L(C) = E[F_L(渔业用海), F_L(渔业用海) \cup F_L(旅游用海), F_L(旅游用海)]$$

式(7-2)

$$F_S(C) = E\{[F_S(渔业用海) - F_S(旅游用海)], [F_S(渔业用海) \cap [F_S(旅游用海)], [F_S(旅游用海) - F_S(渔业用海)]\}$$

式(7-3)

公式(7-1)、(7-2)、(7-3)构成了海域空间层叠利用立体功能区划模型的数学表达形式。在 GIS 中实现空间关系模型需要强调的内容主要有:首先要确定层叠用海单元的空间范围,其次要对各用海项目进行功能排序,最后确定层叠用海区域不同用海项目之间的关系。通过 GIS 中不同的模型予以实现以上三个方面的要求。首先要确定层叠用海的功能区,应用用海项目开发使用现状、用海项目区划等基础数据,按照规定的矢量或者栅格的形式,矢量数据将不同的用海项目图层进行组织并指定缓冲区,而或对于栅格数据,在做栅格距离图之后进行重分类。对于多图层的重叠处理采用 GIS 叠置分析和空间集合分析模型与算法,对于空间重叠但功能兼容的图层 GIS 给出结果符合空间关系模型的要求,即:

$F_L(渔业用海), F_L(渔业用海) \cup F_L(旅游用海), F_L(旅游用海)$。

8.3.5　海域空间层叠利用立体功能区划模型的叠置分析流程

在 *GIS* 空间分析应用中，*ARCGIS* 软件只提供操作平台，而且在具体的应用中还需要进行应用的需求、原则、数据等方面的因素综合考虑去做。[101] 基于 *ARCGIS* 软件进行叠置分析属于 *GIS* 空间分析应用，同样需要遵循经济学的一些原则，然后基于已有的一些数据进行规划分析。对于海域空间层叠利用立体功能区划模型的假定条件，以渔业用海与旅游用海兼容、工业用海与港口用海兼容为例，应该有以下的数据：区划单元渔业用海规划图、区划单元旅游用海规划图、区划单元工业用海规划图以及区划单元港口用海规划图。操作流程图示操作步骤的简单总结和基本框架，在图中矩形表示数据，数据处理流程图如图 8-7 所示。该数据处理流程的实现并在胶州湾层叠用海海洋功能区划案例中得到应用和检验，这些内容在后面的章节中叙述。

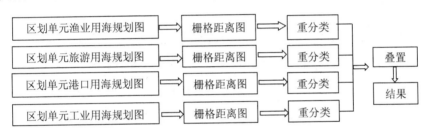

图 8-7　立体功能区划模型叠置分析流程图

第九章

实证分析——青岛胶州湾项目用海兼容性分析

9.1 青岛胶州湾海洋区划的情况

本区域范围以胶州湾为主体,向北、向南延伸至青岛市界。胶州湾为一半封闭型海湾,湾口最窄处自薛家岛北端至团岛南端不到3公里,湾内南北向最大长度约40公里,东西向最大宽度约28公里,面积约438平方公里,湾内宽阔开敞,自然条件有相对的独立性。注入胶州湾的有11条河流,水量以大沽河为最大,汛期集中在7,8,9三个月。胶州湾为浅水海湾,总体上呈簸箕形直倾斜在湾口区又转而东倾斜,湾内平均水深7.0米,最大水深在湾口附近局部可达64米,湾内为51米(在黄岛东南部的洼地)。天然深水航道无泥沙淤积,水深10–15米左右。青岛港位于湾口北部,是黄海沿岸水运枢纽,山东省及中原部分地区重要的海上通道之一。湾口西南方是中国三大专用原油输出码头之一的黄岛油码头。现已开发较大泊位80多个,其中万吨级泊位30多个。区内有盐田面积120平方千米,为贝、虾、鱼增养殖的重要海域,是多种经济海洋生物的栖息、繁衍场所,海域基础生产力较高。[102]

胶州湾海洋区划主要有以下几个原则,一是保护自然岸线的原则,有条件的区段恢复自然岸线,严禁破坏自然岸线;二是严禁填海的原则,严格保护胶州湾的水域面积,控制住已批在填项目的现有填海范围,取消未实施填海的部分;三是退池还海的原则,恢复自然岸线、滩涂和水域,拆除废弃鱼塘、虾池等设施。四是禁止在生态湿地内实施与湿地保护无关的建设活动,保护生态湿地的原则严格保护胶州湾生态湿地。本区域重点功能以港口航运为主,渔业、盐业、旅游统筹兼顾。该区域加强港口航运资源与保护等海湾的综合管理,要加强旅游和渔业资源的恢复、加大海洋生态环境保护力度。胶州湾南部海域应充分保证港口与 航运需要,以港口为主;胶州湾北部要为今后港口、城镇工业及生活污水达标排放留出余地,以养殖为主。[103]环胶州湾打造以海洋高技术产业和现代服务业为特点的海湾经济区,规划建设青岛西海岸海洋经济新区。

　　《青岛市海洋功能区划》中,胶州湾海域的主导功能为港口及临海工业,也充分考虑其生态环境保护。主要功能包括胶州湾东岸港群、黄岛港群、黄岛临海工业区和大沽河口滨海湿地保护与胶州湾东北部环境治理区。本次规划主要参照了该规划中的河套街道限养区、黄岛工业用海区及港口用海区的要求,其他区域因与城市总体规划的陆域岸线功能不一致,未作为参考依据。

9.2　青岛胶州湾岸线现状

　　胶州湾是青岛的母亲湾,是青岛赖以生存的蓝色家园。环胶州湾地区也是青岛市未来海湾型都市区的核心区域。青岛市将胶州湾的保护置于更加突出的位置,提出了进一步切实加强和实施胶州湾岸线终极性、永久性保护和建设要求,以解决多年来胶州湾不断填海和水域面积不断缩小的问题。

9.2.1　胶州湾岸线属性

　　依据相关法规、法定规划及现场踏勘情况,并参照 1∶5000 地形图、相关科研成果及相关规划建设情况,确定现状岸线由自然基岩、现状坝体、码头、围堰、已批规划用海范围、养殖池塘边界、盐田边界组成。根据勘定的现状岸线,胶州湾水域面积约 346 平方公里,主体岸线总长度约 178 公里(人工岸线 159 公里,自然岸线19 公里)。

　　胶州湾海湾面积总体处于缩小状态。据有关数据统计,1928 年胶州湾海湾面积达 560 平方公里。根据 2005 年版地形图和卫片勘测胶州湾水域面积 362.6 平方公里,岸线长度约 215.6 公里。依据 2010 年结合现场补充勘测的实测地形图,至 2012 年 10 月的胶州湾水域面积 343.5 平方公里,岸线长度为 206.8 公里。[104]

坝体型岸线主要为人工修筑完整、防护条件较好的岸线类型,长约 78.3 公里,主要分布在东岸的三半岛和大、中、小港,以及西岸的前湾港和薛家岛湾区域,约占岸线总长度的 37.9%。

堆石型岸线主要是经过人工堆石、填埋处理,仍需要进一步整理的岸线类型,长约 59.4 公里,主要分布在四方区、李沧区、城阳区以及黄岛区的红石崖至大炼油区域,约占岸线总长度的 28.7%。

滩涂型岸线主要为自然形成坡度平缓的沙滩、泥滩,长约 12.5 公里,主要分布在河套南部大沽河入海口区域,约占岸线总长度的 6.0%。

礁石型岸线主要是自然形成的基岩岸线区,长约 8.5 公里,零星分布于团岛和薛家岛湾口位置以及红岛南侧区域,约占岸线总长度的 4.1%。

混合型岸线主要是由礁石、滩涂、盐田等混合形成的岸线类型,长约 48.1 公里,主要分布在红岛、河套南侧及胶州市等区域,约占岸线总长度的 23.3%。

9.2.2 胶州湾岸线功能

码头岸线长约 79.2 公里,主要分布在大、中、小港及前湾港和薛家岛湾区域,约占岸线总长度的 36.8%。

防护岸线长约 47.5 公里,主要分布于市南区、四方区、李沧区、城阳区、墨水河口及红石崖区域。

工业岸线长约 16.6 公里,主要分布于黄岛区红石崖以南至大炼油区域。

养殖岸线长约 57.5 公里,主要分布于红岛、河套南部及胶州市。

滩涂岸线长约 6 公里,主要分布于大沽河入海口区域。

9.2.3 胶州湾岸线整理规划

1. 市南区

(1)严禁破坏团岛周边的礁石,保护现有自然岸线。

(2)结合南岛、中岛、北岛的用地功能和规划布局方案,依据环胶州湾保护控制线进行岸线详细规划设计。

2. 市北区

(1)结合批复的《小港湾改造项目方案》进一步深化细化小港区域岸线设计。

(2)在批准邮轮母港规划方案基础上细化大港6号码头岸线设计。

(3)以批复的《欢乐滨海城控制性详细规划》为准进一步深化细化四方欢乐滨海城岸线设计。

(4)海泊河至航务二公司段做好出挑平台(木栈道)建设的论证和设计,出挑宽度原则上不大于6米。

3. 李沧区

(1)海信填海地、白泥填海地区域,结合陆域功能定位和岸线加固工程,依据环胶州湾保护控制线进行岸线详细规划设计。

(2)海信填海地至白泥填海地段做好出挑平台(木栈道)建设的论证和设计,出挑宽度原则上不大于6米。

4. 城阳区

(1)结合滨水空间景观设计和陆域功能优化,依据环胶州湾保护控制线进行岸线详细规划设计。

(2)该区域是环湾区域重要景观节点,沿岸形成贯通滨水公共开放空间和活动场所。

5. 红岛经济区

(1)墨水河防潮坝一期区段(墨水河至女姑口跨海大桥):按照现状岸线,进一步优化景观设计。

(2)红岛南部区段(红岛女姑口跨海大桥至红岛黄澜海韵苑):恢复自然礁石和基岩岸线。

(3)河套南部区段(红岛黄澜海韵苑至大沽河):结合湾底生态湿地公园的规划,采取生态保护和河道整治等综合性、生态化处理手段与措施,规划实施生态岸线。

6. 胶州市

(1)以现状已实施的蓄洪水库围堰和现状盐田、养殖池塘坝体为界实施岸线详细设计。

(2)该区段陆域功能应进一步调整并符合环湾区域规划要求,严格控制产业项目。

7. 黄岛区

(1)结合陆域功能,合理确定岸线整理的工程方案。

(2)本着严格保护胶州湾,统筹把握石化产业生产安全和胶州湾生态安全,科学论证辽河路的建设方案,依据批准的辽河路工程进行岸线详细设计。

(3)薛家岛湾以现状岸线为准进行岸线详细设计。

(4)凤凰岛脚子石周边养殖池塘退池还海,恢复自然岸线。

9.3　青岛胶州湾项目用海兼容性分析

9.3.1　胶州湾用海项目的兼容性评估

在胶州湾用海项目兼容性评价的实施过程中,数据的标准化方法选择是权重指标量化中所述公式(2)的方法,即 $K_i = x_i/x_{i0}$ 式中:K_i——第 i 个指标的评估值;x_i——实际值;x_{i0}——该指标对应的比较基数。平均合成模型根据公式:

$$c = \sqrt{\sum_{i=1}^{n} W_i K_i^2}, \sum_{i=1}^{n} W_i = 1$$ 其中,W——权重;K——各指标值,得出 $C = 80.53\%$,依据评价标准,说明青岛胶州湾用海项目兼容性情况较好。

表 9-1　胶州湾用海项目兼容性评估表

评价指标		2011 实际值	理想值	K 指标值	W 权重	WK²
海域自然契合度	水质等级	90%	100%	0.9	0.0798	0.06464
	资源丰度	90%	100%	0.9	0.0438	0.03548
	海洋地质情况	92%	100%	0.9	0.0155	0.01256
	海洋灾害风险	20%	20%	1	0.1598	0.15980
	水深条件	90%	100%	0.9	0.0372	0.03013
海域需求空间	需求强度	95%	100%	0.95	0.0155	0.01399
	需求收入弹性	95%	100%	0.95	0.0617	0.05568
海域适用情况	海域开发强度	80%	100%	0.8	0.0259	0.01658
	区域属性契合度	82%	100%	0.82	0.0234	0.01573

评价指标		2011 实际值	理想值	K 指标值	W 权重	WK²
投资收益能力	开发投资成本	150 亿	150 亿	1	0.0253	0.02530
	年生产或经营费	7.7 亿	8 亿	0.96	0.0213	0.01963
	年净利润	3.57 亿	6.11 亿	0.58	0.0472	0.01588
海域资源环境承载力	环境资源契合度	85%	100%	0.85	0.0372	0.02688
	空间布局合理性	86%	100%	0.85	0.1008	0.07283
	价值关联性	85%	100%	0.85	0.0823	0.05946
	海域发展潜力	90%	100%	0.9	0.2232	0.18079

数据来源："海域自然契合度"、"海域需求空间"、"海域适用情况"和"海域资源环境承载力"部分数据来源于专家打分;"投资收益能力"因为整体项目难以量化,以青岛胶州湾大桥项目投资收益能力作为代表。

9.3.2 胶州湾用海项目的优序方法

胶州湾是多功能区域,主导功能为港口用海,旅游、渔业、自然保护、盐业兼容存在。胶州湾北部为今后港口、城镇工业及生活污水排放留出余地,以养殖用海为主;胶州湾南部以港口区为主,应充分保证港口、航运需要。现就胶州湾的旅游用海、港口用海、自然保护、渔业用海四项海域使用功能,现要从中评选出优秀项目。海域使用功能专家评价结果表:

表 9 - 2　胶州湾使用功能专家评价表

项目	海域需求空间				海域契合度				价值带动力				投资收益能力			
	很高	高	一般	低	很高	高	一般	低	很高	高	一般	低	很高	高	一般	低
自然保护	0.7	0.1	0.1	0.1	0.7	0.2	0.3	0	0.6	0.4	0.1	0.1	0.7	0.2	0.1	0
旅游用海	0.5	0.3	0.2	0	1	0	0	0	0.7	0.3	0	0	0.6	0.3	0.1	0.1
渔业用海	0.1	0.3	0.5	0.1	1	0	0	0	0.1	0.3	0.6	0	0.3	0.3	0.4	0
盐业用海	0.7	0.1	0.1	0.1	0.5	0.2	0.2	0.1	0.5	0.3	0.2	0	0.2	0.1	0.7	0

由上表,可得甲、乙、丙、丁四个项目各自的评价矩阵 R1、R2、R3、R4:

$$R1 = \begin{pmatrix} 0.7 & 0.1 & 0.1 & 0.1 \\ 0.7 & 0.2 & 0.3 & 0 \\ 0.6 & 0.4 & 0.1 & 0.1 \\ 0.7 & 0.2 & 0.1 & 0 \end{pmatrix} \qquad R2 = \begin{pmatrix} 0.5 & 0.3 & 0.2 & 0 \\ 1 & 0 & 0 & 0 \\ 0.7 & 0.3 & 0 & 0 \\ 0.5 & 0.3 & 0.1 & 0.1 \end{pmatrix}$$

$$R3 = \begin{pmatrix} 0.1 & 0.3 & 0.5 & 0.1 \\ 1 & 0 & 0 & 0 \\ 0.1 & 0.3 & 0.6 & 0 \\ 0.3 & 0.3 & 0.4 & 0 \end{pmatrix} \quad R4 = \begin{pmatrix} 0.7 & 0.1 & 0.1 & 0.1 \\ 0.5 & 0.2 & 0.2 & 0.1 \\ 0.5 & 0.3 & 0.2 & 0 \\ 0.2 & 0.1 & 0.7 & 0 \end{pmatrix}$$

用加权算子 $M(\bullet,\oplus)$ 计算如下:

$$B1 = A \circ R1 = (0.2, 0.3, 0.3, 0.2) \circ \begin{pmatrix} 0.7 & 0.1 & 0.1 & 0.1 \\ 0.7 & 0.2 & 0.3 & 0 \\ 0.6 & 0.4 & 0.1 & 0.1 \\ 0.7 & 0.2 & 0.1 & 0 \end{pmatrix}$$

$$= (0.67, 0.25, 0.28, 0.17)$$

$$B2 = A \circ R2 = (0.2, 0.3, 0.3, 0.2) \circ \begin{pmatrix} 0.5 & 0.3 & 0.2 & 0 \\ 1 & 0 & 0 & 0 \\ 0.7 & 0.3 & 0 & 0 \\ 0.5 & 0.3 & 0.1 & 0.1 \end{pmatrix}$$

$$= (0.71, 0.21, 0.06, 0.02)$$

$$B3 = A \circ R3 = (0.2, 0.3, 0.3, 0.2) \circ \begin{pmatrix} 0.1 & 0.3 & 0.5 & 0.1 \\ 1 & 0 & 0 & 0 \\ 0.1 & 0.3 & 0.6 & 0 \\ 0.3 & 0.3 & 0.4 & 0 \end{pmatrix}$$

$$= (0.41, 0.21, 0.36, 0.02)$$

$$B4 = A \circ R4 = (0.2, 0.3, 0.3, 0.2) \circ \begin{pmatrix} 0.7 & 0.1 & 0.1 & 0.1 \\ 0.5 & 0.2 & 0.2 & 0.1 \\ 0.5 & 0.3 & 0.2 & 0 \\ 0.2 & 0.1 & 0.7 & 0 \end{pmatrix}$$

$= (0.48,0.2,0.29,0.05)$

根据最大隶属度原则,四个项目的最终排序为:旅游用海、自然保护、渔业用海、盐业用海。即胶州湾主导功能为港口用海,旅游、渔业、自然保护、盐业兼容存在,可按照旅游用海、自然保护、渔业用海和盐业用海的顺序进行优序顺序的选择。

9.3.3　胶州湾的层叠用海方案

1. 胶州湾主导功能确定的原则

在坚持海洋功能区划的基本原则的基础上,根据立体区划海域的实际情况,针对主导功能的界定,主要掌握以下几点原则:

(1)根据空间管治功能优先界定的原则,在进行叠加分析时,如果遇到空间管治功能与自然属性功能、用海现状等功能区相重叠时,应在满足区划原则的基础上,应该选择空间管治功能作为主导功能。

(2)当海域自然属性所界定的功能区同用海区划以及用海现状存在不同时,根据自然属性功能有限界定的原则,应该选择自然属性界定的功能为主导功能。

(3)在进行主导功能界定时要避免养殖区、保护区等对环境质量标准较高的功能区同港口、排污区、工程用海区等对环境质量标准较低的功能区相邻。

(4)在进行主导功能区界定的时候要突出区域或岸线的主要功能,保证功能区的连续性及完整性,避免将功能区划分的过细。

(5)根据代表或重点海域的主导功能来确定层叠用海区的主导功能,例如胶州湾的功能顺序为港口、旅游与自然保护,那么此功能顺序就可以作为具体功能分区确定的参考。

(6)当各功能区存在兼容要求,不仅在开发利用时互相没有干扰,还有利于发挥综合效益,那么可以确定此功能区为兼容去,在兼容性论证的基础上对其他用海项目进行综合排序。

2. 青岛胶州湾立体功能区划模型的实证

胶州湾使用现状主要是指青岛市胶州湾区域海域开发利用的情况,主要包括养殖区、滨海旅游区、港口航运区、自然保护区等图层。[105]胶州湾使用规划是根据青岛市城市发展整体规划以及海洋渔业等各行业规划确定的渔业用海、旅游用海、工业用海、港口用海、自然保护用海等规划图层(图9-1)。将海域用海现状和海域用海规划作为输入图层,以输入栅格图层为基础为各功能区划建立栅格距离图。类似于矢量数据中的分级,对距离制图后的栅格数据块进行重分类操作。重分类即基于原有数值,对原有数据进行分类整理从而得到一组新值并输出。之后在ARCGIS中采用GIS空间分析工具中的"Union"工具进行叠加分析,在保留各图层原来功能的分类属性的结果之上,生成各功能区块相叠置的区块。[106]叠加结果如图9-2所示,颜色越深,说明是可以进行层叠利用的立体功能区域。可以看出,在胶州湾北岸存在渔业用海与旅游用海的兼容以及盐业用海与渔业用海的兼容;在胶州湾的西岸与东岸,均存在工业用海与港口用海的兼容。以上叠置分析结果均于目前胶州湾用海现状基本相符。

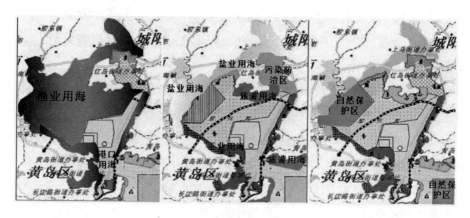

图9-1 胶州湾用海功能区划

3. 综合分析法在胶州湾层叠用海中的具体应用

遥感可为海洋功能区划的具体实施情况提供现势性很强的数据源,具有同步、大面积和对同一区域可以重复检测的独特优势。随着遥感影像技术空间分辨率的提高,可以识别海域的使用类型并监控其变化。[107]而国产自主卫星更具有易于获取、自主性强和对我国国土覆盖度高的优点。目前青岛市在利用SPOT影像宏观观测海洋区划的利用现状,辅助对海洋区划进行监测工作。[108]以下结合胶州湾海洋功能区划图、胶州湾现状岸线勘定图和青岛胶州湾卫星遥感影像图可以得出以下的对比结果:

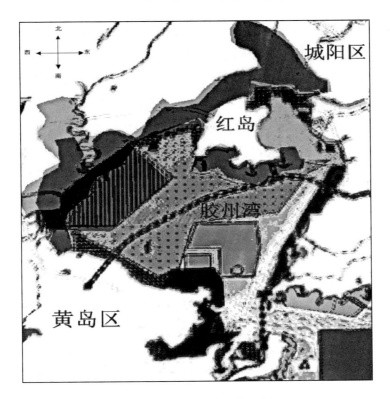

图9-2　胶州湾用海功能叠置分析图

（1）胶州湾东岸

胶州湾东岸（团岛至墨水河）：区划主导功能为港口用海，遥感影像中显示有围填海现象。应该按照现状岸线划定保护控制线，严禁围海填海。

（2）胶州湾北岸

胶州湾北岸（墨水河至大沽河），分为三段：

①墨水河防潮坝一期区段（墨水河至女姑口跨海大桥）：原区划为养殖用海与盐业用海，兼容功能为旅游用海及自然保护区。部分区划中的盐业用海，在遥感影像中显示为盐田、养殖池塘混合区域。旅游功能区与养殖海域现状功能区叠置，根据青岛市海域空间发展战略和该海域优越的海滨旅游资源，优先确定更利于海域空间生态环境的滨海旅游功能区。可保留部分海域为养殖用海项目的兼容区域，避免功能重叠利用的冲突并在管理措施中明确养殖海域的管理措施。

②红岛南部区段（红岛女姑口跨海大桥至红岛黄澜海韵苑）：原区划主导功能

为旅游用海及自然保护区,兼容功能为渔业用海。遥感图像显示,旅游用海规划区现为滩涂养殖区。根据海域优越的海滨旅游资源和青岛市海域空间发展战略,应优先确定更利于生态环境建设的滨海旅游功能区,红岛渔港在保持现状规模基础上,结合陆域发展进程逐步向旅游码头功能转型。按照适度"退池还海"的原则,以原有自然基岩划定保护控制线为依据,恢复自然岸线,拆除现有鱼塘、虾池。

③河套南部区段(红岛黄澜海韵苑至大沽河):原区划主导功能为渔业用海,兼容功能为海洋特别保护区与盐田用海。海洋特别保护功能区与养殖海域现状功能区叠置,根据所在重点海域的主导功能顺序和自然属性为主原则,优先确定该海域的海洋自然保护区功能。区划图中的典型的海洋自然景观自然保护区,在遥感影像中显示养殖用海区。应把养殖池塘作为生态湿地实施重点保护,将保护控制线划定在以现状养殖池塘坝顶外边沿为界。

为了推动青岛西海岸新区建设,山东省从2014年起就组织开展对青岛西海岸部分海域的海洋功能区进行调整,并于2017年2月获批实施,其中涉及青岛5片海域。其中,青岛胶州湾北部海域修改面积约为133.05平方千米,原海洋功能区为农渔业区、工业与城镇用海区、保留区,修改后为保护区,兼容旅游休闲娱乐和底播养殖功能。

(3)胶州湾西岸

胶州湾西岸(大沽河至凤凰岛脚子石),分为四段:

①胶州市产业新区区段(大沽河至洋河):区划主导功能为渔业用海,兼容功能为海洋特别保护区与盐田用海。部分区划中的盐业用海,在遥感影像中显示为盐田、养殖池塘混合区域并存在围填海项目。应坚持原有盐田边界划定保护控制线,以现状围堰确定围海面积,严禁新增围海面积。

②黄岛区红石崖区段(洋河至跨海大桥):区划主导功能为渔业用海,兼容功能为盐业用海。但在区划中的盐田区,在遥感影像中显示为工业用地(战略石油储备基地)。应按照现状岸线划定保护控制线,严禁围海填海。

③黄岛北部区段(跨海大桥至大炼油区域):区划主导功能为港口用海,兼容功能为锚地用海。遥感卫星显示存在围填海项目。应按现状岸线划定保护控制线,严禁填海;辽河路与规划保护控制线之间区域作为水体控制,不得填海;辽河路按照最后批准的围海堤坝划定围海控制线。

④前湾港及薛家岛湾区段(大炼油区域至凤凰岛脚子石):区划主导功能为港口用海,兼容功能为航道用海。在遥感影像中港区周边部分显示为工业用地(围填海),按照现状岸线划定保护控制线,不得继续填海建设。该区不适宜继续作为养殖功能区,港口功能区与养殖现状功能区叠置和相邻,依据海洋功能区划自然属性社会属性兼顾和青岛市港口航运发展战略,应优先确定港口功能。

9.4 青岛胶州湾项目用海的兼容策略

层叠用海能够实现很好的兼容,可以当地区域经济,社会,生态环境的协调发展发展。兼容用海要坚持以下几个原则:第一,坚持生态优先原则。充分考虑海洋地质、生物、水动力方面的自然条件,尽量减少对海洋自然生态环境的负面影响。保护水域海洋生物资源的产卵场、索饵场、洄游通道和海上自然保护区以及领海基点等重要地理标志,禁止进行填海工程项目;第二,必须坚持陆地和海洋统筹发展。层叠用海项目要做到与土地利用总体规划、海洋空间规划与产业规划等有机衔接融合;第三,要坚持区域协调。打破行政区域界限,科学配置海域资源,鼓励生产要素优化配置和跨区域合理流动,促进区域经济一体化。第四,坚持特色产业集聚。青岛要重点建设海洋经济产业链和产业集聚区、临港产业聚集区以及海洋文化旅游产业集聚区等海洋工业园区。第五,坚持适度有序。层叠用海规模并非越大越好,科学适度是重点内容。具体措施如下:

9.4.1 青岛胶州湾项目用海的政策支持

1. 坚持立法先行,逐步形成较为完善地方海洋法规体系。认真贯彻《海域使用管理法》和《海洋环境保护法》及《青岛市海洋渔业管理条例》、《青岛市近岸海域环境保护规定》、《青岛市海岸带规划管理规定》、《青岛市海域使用管理条例》、《青岛市无居民海岛管理条例》、《海域使用权抵押登记管理办法》等地方性法规及规章,完善以《青岛市海洋功能区划》为主导的全市海洋功能区划体系。海洋开发与管理的主要领域基本做到了有法可依,为海洋资源管理和开发项目提供法律依据。

2. 坚持综合利用,逐渐提高海域使用管理水平。目前青岛已经全面推行了海洋有偿使用制度、海域使用权属管理制度与海洋功能区划制度,应用了海洋使用权招标、拍卖以及价值评估等配套制度,实施了海域使用申请与公示、论证与报批制度,对用海项目规划、立项、论证和管理实行全程跟踪,保证用海项目办证率、海域使用证年审率、海域使用金征收率。[109]对海岸线及海域的应用更加集约化与合理化,实施国家海域分等定级政策,做到科学配置海域资源,促进海洋经济全面健康发展。

3. 坚持保护优先,大力推进海洋生态环境保护。在"环湾保护、拥湾发展"战略的实施中,构建了市、区两级的海洋环境检测体系,对海域和重点的养殖区进行了环境检测工作。强化海洋环境影响评价在用海项目审批中的重要地位,实施海洋环境评估制度和提高项目环境准入门槛。遵循《胶州湾近海岸线保护和利用规划》、《胶州湾湿地保护规划》、《胶州湾近海海域防风暴潮规划》等规划,把建立海洋自然保护区作为改善海洋环境、保护海洋生态系有效途径,建立重点陆源入海排污口监控点,进一步完善海洋环境检测网络。

4. 坚持防控结合,全面提升海洋防灾减灾能力。按照《青岛市风暴潮、海啸灾害应急预案》、《青岛近海浒苔等漂浮藻类应急处置预案》、《青岛市海洋赤潮灾害应急预案》等海洋方面应急管理预案的要求,全面建设符合青岛实际的海洋应急响应体系。增强海上灾害应急处置和快速反应能力,建设海洋动态监视监测监控系统、赤潮监测预警和应急消除体系。[110]加快渔港建设步伐,提高渔船就近避风率。采取有效措施,切实加强对渔港、渔船、渔排安全生产的全过程管理,消除安全生产隐患。

5. 坚持开拓创新,加快提高海洋技术发展水平。集聚技术、资本、项目、人才等要素,提升海洋与渔业科技自主创新能力,转化海洋与渔业重大科研成果。开展海域使用权公开招标拍卖工作,推动海域使用权流转。[111]积极引导社会资金对大型涉海基础设施建设的投入。建设海洋科研教育与信息环保的联系协作机制,促进海洋新技术、新能源及海洋信息的科研全面发展。

9.4.2 青岛胶州湾项目用海的兼容策略

1. 发展滩涂贝类采捕休闲旅游

位于胶州湾北岸的青岛市城阳区,沿海滩涂多为泥沙质地,面积广阔并且水质肥沃,是发展贝类增养殖的优良滩涂区。城阳区全区滩涂贝类资源丰富,养殖的贝类有菲律宾蛤仔、红螺、泥螺等10余种,具有发展滩涂贝类采捕生态旅游的有利条件。游客不仅可以在休闲旅游中了解到相关的环境保护知识,还可以使养殖贝类的滩涂得到休息和恢复。而各渔业社区可以通过开设渔家宴等方法吸引游客来体验渔家生活。各社区可以利用现有的渔港,将小型动力渔船改为休闲预产,发展海上旅游休憩活动。以此带动渔港周边的交通设置与休闲设施建设,包括停车场、餐饮服务、休闲区等,打造有特色的旅游活动,人们可以在此参与海滩采贝、浅水踏潮、吃海鲜、扬风帆等多种多样的特色活动。

2. 发展河口湿地观光生态旅游

在胶州湾北部的大沽河河口地区,存留着大面积的芦苇湿地及盐田碱蓬湿地等自然景观,在该地区可以发展河口湿地观光生态旅游项目。游客不仅可以在大沽河口观赏到湿地和河流入海的自然美景,还可以在河口观赏稀有的濒危鸟类,该地区是众多珍稀濒危鸟种的栖息地,多项指标达到国际重要湿地标准,可建成集科普教育、素质教育、湿地观光、休闲度假、科学考察等为一体的多功能国家级滨海湿地公园。[112]为加强对胶州湾自然湿地的保护,可将湿地生态旅游和自然湿地保护相结合,建设以大沽河河口为中心的胶州湾滨海湿地国家级自然保护区,合理利用自然资源,促进湿地保护区的周边社区经济发展。保护好现存的自然湿地,待条件具备后申请将国家级湿地自然保护区升格为国际重要湿地。强力打造生态旅游产品,旅游产业从单一的观光型向湿地游、生态游、休闲度假型、文化体验型转变。

3. 发展渔村生活体验生态旅游

滨海旅游区大多与养殖区相邻,属于开放性观光海域。使用海面的滨海旅游去与使用海底的底播养殖区二者可以相互兼容,因此在部分滨海旅游区,除了预留出足够的赶海区和游客亲水区之外,其他海域都可以安排底播养殖作为兼容项目,发展休闲渔业,开展渔村生活体验旅游。例如在在大沽河河口开发河口湿地观光生态旅游项目、青岛城阳区红岛地区开发滩涂贝类采捕休闲旅游项目、在胶州湾海岸湿地分布区的村庄发展渔村生活体验生态旅游项目、在胶州市营海镇少海湿地公园发展湿地公园生态旅游项目,打造成以山海生态观光、渔家民俗体验、渔村休闲度假为特色;集吃新鲜渔家宴,住渔村大苑,看五百年渔村,感受渔家民俗的"吃、住、游、购、娱"为一体的综合性旅游度假景区。

4. 利用科研人才优势建设蓝色粮仓

在胶州湾水域缩小的背景之下,胶州湾水产养殖业发展空间较为有限。由于旅游发展、重大涉海项目建设和城市扩张占用可养殖水面滩涂,使得沿海的大量养殖设施被清理导致养殖水域迅速减少。重点发展种苗培育及对海产品进行深入加工就成为提高水产养殖效能的重要举措。充分利用青岛市海洋科研人才众多,力量雄厚的优势,建设高效益的"蓝色粮仓",使水产养殖在有限的兼容空间里获取效益的最大化。[113]将盐田虾池经过高标准的改造之后,可变为蓝色粮仓的"富矿",成为健康养殖示范基地,树立标准化、规模化的现代渔业产业标杆。初步形成可持续的海洋捕捞业、多元精品的休闲渔业、健康生态的养殖业、现代化的水产加工流通业等产业体系,注重现代渔业的后续发展。

5. 建设邮轮母港发展高端旅游产业

胶州湾地区漫长的海岸线,良好的区位优势和众多海岛的天然禀赋条件,加快建设青岛国际邮轮母港,为客轮班、游艇、近海旅游船和国际邮轮靠泊提供综合服务,构建邮轮要素市场,完善商业配套服务,拓展产业链奠定了基础,也为青岛建设邮轮经济商务区,推动以邮轮经济为代表的高端旅游业的发展提供了有利条件。邮轮母港的建设,既是发展蓝色旅游业的体现,也是层叠用海项目的重要体现。以打造成为"东北亚区域性邮轮母港"为建设目标,将邮轮经济作为新的旅游业态以及新的经济增长点,重点进行培育建设,增强邮轮经济的辐射带动能力,为邮轮旅游提供全方位的港口商贸服务,加速旅游产业升级及转型。[114]邮轮业以高端客流来拉动物流、信息流和资金流,对港口,尤其对母港所在区域的拉动作用巨大。根据青岛市旅游局发布的《青岛市邮轮产业发展规划》(2013 – 2020),青岛未来将全力打造成为中国邮轮产业"模式创新的先行区"、"高端服务的前沿区"和"产业升级的示范区",最终实现将青岛建设成为中国最具国际影响力的"中国北方邮轮中心"和"东北亚区域性邮轮母港"的发展目标。

第十章

结论与展望

10.1　主要结论

本书对我国海洋功能区划与海域空间利用的现状,具体包括我国海洋资源的分布及其利用状况、海洋资源概况、海洋资源的开发利用现状及存在的问题等进行了总结,分析了海洋功能区划的历史沿革、海洋功能区划体系现状与特点、海洋空间规划的基本理论和原则等,指出了我国海域空间利用存在的主要问题及充分利用海域空间的重要意义,通过对指标法、叠加法、综合分析法的实践应用,得出以下主要结论:

1. 确定了海域空间的主导功能及其用海范围:在海域空间的立体功能价值及海域空间主导功能的内涵的基础上提出了海域空间主导功能的确定方法,通过应用海域空间主导功能确定方法,从我国海洋产业结构调整的现状来看,目前我国大部分海域的用海主导功能是渔业用海,我国海洋产业结构的不合理也正是由于海洋第一产业(渔业)的过度发展而引起的。如何实现在渔业用海基础上的层叠用海,调整现有海洋产业结构和更充分利用海域空间,最终实现海洋产业结构的优化升级成为亟待解决的问题。

2. 阐述了层叠用海兼容性评估的指导思想,构建了层叠用海兼容性评估的指标体系,选取了海域自然契合度、海域需求空间、海域使用情况、投资收益能力及海域资源环境承载力五个方面的指标,研究了层叠用海兼容性评估方法,引用层次分析法进行评价指标的筛选,建立层叠用海兼容性评估指标体系模型,选择层次分析法软件来计算各指标的权重并进行层次单排序和综合排序,以及研究了层叠用海兼容性评估的量化处理方法。运用该指标体系,对青岛胶州湾用海项目兼容性进行实证得出结论,胶州湾是多功能区域,主导功能为港口用海,旅游、渔业、自然保护、盐业兼容存在,用海项目兼容性情况较好。

3. 从海域空间层叠利用立体功能区划的划分依据出发,阐述了基于主导功能的用海优序的确定方法,构建了基于叠置分析的海域空间层叠利用立体功能区划模型。针对海洋空间层叠利用兼容方案实施的要求,以胶州湾兼容用海项目为例,应用遥感卫星图像,将胶州湾海域开发利用情况与区划情况进行比较,得出青岛胶州湾地区存在兼容用海的项目需求并给出了青岛胶州湾项目用海的兼容策略为:发展滩涂贝类采捕休闲旅游、河口湿地观光生态旅游与渔村生活体验生态旅游、利用科研人才优势建设蓝色粮仓、建设邮轮母港发展高端旅游产业等。

10.2 研究局限

本书也存在很多不足,还有待于更深入的研究和实践:

1. 层叠用海兼容性评估的指标体系所选用的指标还应继续完善。虽然对我国沿海地区调查研究的深入,可以获取更为全面的海洋基础数据,以此基础数据为标准可以构建更为完善的指标体系。此外,以自然资源的差异为基础构建海域立体用海评价单元的具体划分,也是下一步研究开展的重点内容。

2. 海域兼容性具有动态变化及多宜性的主要特点,在研究过程中要更深入的借鉴海洋生态学、海洋环境学、海洋经济学的相关研究方法以及研究成果。此外,由于海洋功能区划具有较高的法律地位和广泛的实践需求,海洋兼容方面的研究涉及相关的法律知识,对海洋立体功能区划的方法需要进一步标准化和规范化,同时技术方面要有较强操作性。

10.3 研究展望

1. 指标体系的构建方面,将进一步深入研究层叠用海兼容型评估的具体指标,更注重指标的实际可操作性;在主导功能用海优序方面,进一步探讨模糊数学中优序法的应用;主导功能的确定方面,应用边际成本法对具体的层叠用海进行实证分析。

2. 研究 ARGGIS 和遥感卫星在海洋区划中的应用,调查相关的图层及数据,争取在层叠用海技术手段上取得新的突破。并以此为基础,探讨层叠用海的海域评估技术和海域使用金征收标准,进一步拓展海域评估工作的深度与广度。

3. 加深对国外海洋区划制度的研究,借鉴国外先进的海洋区划技术和手段,构建适合国内海域空间层叠利用的立体区划模型和技术指标。

参考文献

［1］陈明剑. 海洋功能区划中的空间关系模型及其 GIS 实现(以莱州湾为例):［博士学位论文］. 青岛:中国海洋大学,2003:150 - 157

［2］徐春燕. 海域使用管理法律制度研究:［硕士学位论文］. 大连:大连海事大学,2006:37 - 53

［3］李佩瑾. 海域使用评估理论与实证研究:［硕士学位论文］. 大连:辽宁师范大学,2006:27 - 33

［4］路文海. 基于 GIS 的海域定级与估价系统研究:［硕士学位论文］. 青岛:中国海洋大学,2007:58 - 50

［5］刘长东. 海洋多源数据获取及基于多源数据的海域管理信息系统:［博士学位论文］. 青岛:中国海洋大学,2008:36 - 57

［6］徐伟. 宗海价格评估理论与方法研究:［硕士学位论文］. 天津:天津大学,2007:18 - 29

［7］李娜. 海域有偿使用价格确定的理论和方法:［硕士学位论文］. 大连:辽宁师范大学,2004:14 - 19

［8］UNESCO. Bioshphere Reserves: The Seville Strategy and the Statutory Framework of the World Network, UNESCO,Paris,1996

［9］Ehler, C. and F. Douvere Marine . spatial planning: A step - by - step approach toward ecosystem - based management , International Oceangraphic Commission and Man and The Biosphere Programme, IOC Manual and Guides,53, UNESCO,Paris,2009

［10］Ehler,C. and F. Douvere.'Vision for a Sea Change',Report of the First International Workshop on Marine Spatial Planning, International Oceanographic Commission and Man and the Biosphere Programme, IOC Manual and Guides 48, IOCAM Dossier no 4,UNESCO,Paris,2007

［11］（英）阿格弟,李双建.区划海洋——提高海洋管理成效.北京:海洋出版社,2012:51-61

［12］俞树彪,阳立军.海洋区划与规划导论.北京:知识产权出版社,2009:46-80

［13］邵秘华.辽宁省海洋生态功能区划研究.北京:海洋出版社,2012

［14］王江涛.海洋功能区划理论和方法初探.北京:海洋出版社,2012:120-165

［15］张广海,刘佳.我国海洋旅游功能区划研究.北京:海洋出版社,2013

［16］梁湘波.海洋功能分区方法及其应用研究:[硕士学位论文].天津:天津师范大学,2005:16-18

［17］朱庆林,郭佩芳.海洋功能评价模型研究.海洋功能区划研讨会论文集,2010.04:102-114

［18］林宁,黄南艳等.我国海洋功能区划备案管理体系研究.海洋开发与管理,2008.07:15-16

［19］刘洋,丰爱平,吴桑云.海洋功能区划实施评价方法与实证研究.海洋开发与管理,2009.02:12-17

［20］李晋,林宁,徐文斌.市级与省级海洋功能区划空间符合性分析研究.海洋通报,2009.05:1-6

［21］王倩.海洋主体功能区划与海洋功能区划的比对关系研究:[硕士学位论文].青岛:中国海洋大学,2008:21-29

［22］林宁,王倩.海洋功能区划评估研究与实践.海洋功能区划研讨会论文集.北京:海洋出版社,2010.04:75-83

［23］徐伟.项目用海与海洋功能区划符合性判定标准研究.海洋功能区划研讨会论文集.北京:海洋出版社,2010.04:90-95

［24］徐文斌.海域使用动态监视监测系统建设关键技术研究:[硕士学位论

文].青岛:中国海洋大学,2009:16－19

[25] 林宁,王江涛,徐文斌.海域使用时空数据管理模式研究.海洋技术,2005.01:82－85

[26] 马毅,张杰,李晓敏等.遥感技术应用于海岛保护与利用规划的可行性研究.海洋开发与管理,2009.07:92－95

[27] 周隽.海洋功能区划相对优势度评价体系的研究与探讨[硕士学位论文].杭州:浙江大学,2016:13－17

[28] 苗丰民,杨新梅.海域使用论证技术研究与实践.北京:海洋出版社,2007:43－59

[29] 苗丰民.海域使用管理技术概论.北京:海洋出版社,2004:135－165

[30] 于青松,齐连明.海域评估理论研究.北京:海洋出版社,2006:109－126

[31] 苗丰民,赵全民.海域分等定级及价值评估的理论与方法.北京:海洋出版社,2007:43－63

[32] 中华人民共和国国家海洋局.海域使用管理标准体系.北京:人民出版社,2009

[33] 国家技术监督局.中华人民共和国国家标准 GB17108—1997 海洋功能区划技术导则.北京:海洋出版社,1997

[34] GBRMPA. Draft Corporate Plan 2009－2014, GBRMAP, Canberra, Australia GBRMPA Great Berrier Reef Outlook Report 2009: In Brief, GBRMPA, Canberra, Australia, 2009

[35] Villa, F., L. Tunesi and T. Agardy. 'Optimal zoning of a marine protected area: the case of the Asinara National Marine Reserve of Italy', Conservation Biology, vol 16, no. 2, 2001:515－526

[36] 王江涛,刘百桥.海洋功能区划符合性判别方法初探—以港口功能区为例.海洋通报,2011.10:496－501

[37] 李长义,苗丰民.辽宁海洋功能区划.北京:海洋出版社, 2006:243－341

[38] 徐伟,夏登文等.项目用海与海洋功能区划符合性判定标准研究,海洋

开发与管理,2010.07:4-7

[39]傅金龙,沈锋.海洋功能区划与主体功能区划的关系探讨.海洋开发与管理,2008,08:3-9

[40]吴秀芹.地理信息系统原理与实践.北京:清华大学出版社,2011:12-50

[41]张帆,李东.环境与自然资源经济学.上海:上海人民出版社,2007:20-30

[42]P.E.詹母斯,李旭旦译.地理学思想史.北京:商务印书馆,1982:52-62

[43]R.E.迪金森,葛以德等译.近代地理创建人.北京:商务印书馆,1984:55-60

[44]赵学良.海域有偿使用价格评估的理论与方法研究:[硕士学位论文].大连:辽宁师范大学,2008:30-33

[45]ICUN,UNEP,WWF.World Conservation Strategy,Gland,Switzerland,1980

[46]林乐芬.发展经济学.江苏:南京大学出版社,2007:15-20

[47]郑度.自然地域系统研究.北京:中国环境科学出版社,1997:18-30

[48]张善余.人口地理学概论.上海:华东师范大学出版社,2004:22-60

[49]杨治.产业经济学导论.北京:中国人民大学出版社,1985:50-52

[50]李悦.产业经济学.北京:中国人民大学出版社,1998:20-25

[51]杨公朴,夏大慰.产业经济学教程修订版.上海:上海财经出版社,2002:80-86

[52]臧旭恒,徐向艺,杨惠馨.产业经济学.北京:经济科学出版社,2002:85-92

[53]浙江省海洋与渔业局.中国海海洋生物知多少 http://www.zjoaf.gov.cn

[54]中石化石油勘探开发研究院.非常规油气资源储量丰富,属探索性阶段 http://www.cinn.cn

[55]杨金森.海洋资源的战略地位.海洋与海岸带开发.1991,10:21-24

[56] 张润秋. 海洋管理学理论初探及其应用:[硕士学位论文]. 青岛:中国海洋大学,2012:98－105

[57] 张晓雪. 我国环境影响评价制度与海域使用论证制度的比较:[硕士学位论文]. 青岛:中国海洋大学,2008:35－37

[58] 陈艳. 海域使用管理的理论与实践研究:[博士学位论文]. 青岛:中国海洋大学,2006:134－137

[59] 崔鹏. 我国海洋功能区划制度研究:[博士学位论文]. 青岛:中国海洋大学,2009:57－61

[60] 于青松. 全面实施海洋功能区划制度 扎实推进海洋功能区划工作. 海洋开发与管理,2008.06:6－8

[61] 国务院. 全国海洋功能区划(20101－2010 年. 国家海洋局网站,http://www. soa. gov. cn/

[62] 国务院. 全国海洋功能区划(2011－2020 年). 国家海洋局网站,http://www. soa. gov. cn/

[63] 刘百桥. 我国海洋功能区划体系发展构想. 海洋开发与管理,2008.07:19－23

[64] 林桂兰,谢在团. 海洋功能区划理论体系与编制方法的思考. 海洋开发与管理,2008.08:10－16

[65] 徐伟,夏登文等. 项目用海与海洋功能区划符合性判定标准研究. 海洋开发与管理,2010.07:4－7

[66] 徐志良,方堃等. 我国海洋区域发展特征分析. 海洋开发与管理,2006.09:148－151

[67] 梁言. 关于"海洋国土"的问与答. 海洋世界,1996.10:45－45

[68] 赵理海. 第六讲:大陆架. 海洋开发,1987.12

[69] 金继业,刘振民. GIS 技术在海域使用论证中的应用探讨. 海洋信息,2007.02

[70] 王江涛. 海洋功能区划若干理论研究:[博士学位论文]. 青岛:中国海洋大学,2011:78－97

[71] 刘川. 探索科学管海用海之路. 中国海洋报,2012－04－09

[72] 王玉广,张永华,刘娟. 辽宁海岸开发现状与管理对策探讨. 海洋开发与管理,2004.06:51－55

[73] 刘福寿. 海底电缆路由的海洋环境研究. 黄渤海洋,1994.03:60－64

[74] 国家海洋局. 海洋倾倒区监测技术规程. 国土资源部网站 http://www.mlr.gov.cn

[75] 田洪军,李晋. 基于GIS的海洋保护区建设现状与需求分析. 测绘与空间地理信息,2012.05:34－36

[76] 章任群. 基于地理空间的海域使用管理信息系统框架研究:[硕士学位论文]. 青岛:中国海洋大学,2003:52－66

[77] 冷淑莲,冷崇总. 自然资源价值补偿问题研究. 价格月刊,2007.05:3－12

[78] 章铮. 边际机会成本定价—自然资源定价的理论框架. 自然资源学报,1996.04:107－112

[79] 叶向东. 现代海洋经济理论. 北京:冶金工业出版社,2006:72－89

[80] 袁栋. 海洋渔业资源性资产流失测度方法及应用研究:[博士学位论文]. 青岛:中国海洋大学,2008:124－139

[81] 张效军,欧名豪. 广义立体土地资源资产价值研究. 广东土地科学,2005.02:44－48

[82] 高伟. 海洋空间资源性资产产权效率研究:[博士学位论文]. 青岛:中国海洋大学,2010:101－110

[83] 徐伟,夏登文等. 项目用海与海洋功能区划符合性判定标准研究,海洋开发与管理,2010.07:4－7

[84] 苗丰民,杨新民,于永海:海域使用论证技术研究与实践. 北京:海洋出版社,2007

[85] 曹可. 海洋功能区划的基本理论与实证研究:[硕士学位论文]. 大连:辽宁师范大学,2006:22－28

[86] 李升. 公众参与海洋功能区划理论研究及效果评价:[硕士学位论文]. 青岛:中国海洋大学,2008:57－74

[87] 徐丛春,赵锐等. 近海主体功能区划指标体系研究. 海洋通报,

2011. 12:650 – 655

[88] 向彪仿. 基于主导功能选择的城市综合体开发策略研究:[硕士学位论文]. 重庆:重庆大学,2009:44 – 54

[89] 罗时标. 层次分析法在公众聚集场所火灾风险评估中的应用初探. 上饶师范学院学报,2010. 06:97 – 106

[90] 刘洋,吴桑云. 海洋功能区划实施评价方法研究——以广西壮族自治区为例. 海洋功能区划研讨会论文集, 2010. 04

[91] 朱庆林,郭佩芳. 海洋功能评价模型研究. 海洋功能区划研讨会论文集. 2010. 4

[92] 朱坚真. 海洋区划与规划. 北京:海洋出版社,2008:100 – 115

[93] 杨婧,童杰,张帅. ArcGIS 矢量数据空间分析在市区择房中的应用. 地理空间信息. 2012. 02:119 – 120

[94] 池建. 精通 ARCGIS 地理信息系统. 北京:清华大学出版社,2011:398 – 413

[95] 张超. 地理信息系统实习教程. 北京:高等教育出版社,2000:25 – 60

[96] 田永中. 地理信息系统基础与实验教程. 北京:科学出版社,2010:70 – 112

[97] 唐科. 三维 GIS 在数字海洋中的应用:[硕士学位论文]. 北京:中国地质大学, 2011:15 – 18

[98] 季民. 海洋渔业 GIS 时空数据组织与分析:[博士学位论文]. 青岛:山东科技大学, 2004:10 – 24

[99] 于建. 莱州湾海洋功能区划数学关系模型的建立及其 GIS 的实现:[硕士学位论文]. 青岛:中国海洋大学,2006:47 – 64

[100] 王权明. GIS 空间分析支持的海洋功能区划方法研究:[硕士学位论文]. 大连:大连海事大学,2008:61 – 73

[101] 李云岭. 基于栅格模型的海洋渔业 GIS 研究:[博士学位论文]. 青岛:山东科技大学,2011:35 – 42

[102] 青岛市人民政府. 青岛西海岸经济新区发展规划. http://www. qingdao. gov. cn,2012. 03.

［103］山东省人民政府．关于公布山东省海洋功能区划的通知．山东政报，2004－05－02

［104］青岛市规划局．环胶州湾保护控制线划定与岸线整理规划方案．http://www.qingdao.gov.cn,2012.11.

［105］周连成,陈军等．基于遥感与GIS技术编制1:25万山东省海洋功能区划工作底图．海洋地质前沿，2011.03:42－47

［106］滕骏华,黄韦艮．基于网络GIS的海洋功能区划管理信息系统．海洋学研究,2005.02:56－63

［107］李静．遥感技术在海域使用动态监测系统中的应用:[硕士学位论文]．南京:南京师范大学,2012:7－12

［108］乔磊,杨荣民等．SPOT遥感影像处理技术以及在青岛市海洋功能区划中的应用,海洋湖沼通报2005.02:8－12

［109］饶爱杰．以海洋管理保障沿海经济发展．中国海洋报，2009－06－12

［110］林旭东．福建实施海洋经济强省战略的对策建议．中国海洋报，2006－02－07

［111］巫奕龙．福建将深化闽台海洋经济合作．中国国门时报，2006－09－19

［112］张绪良,徐宗军．胶州湾滨海湿地生态旅游的开发对策．湖北农业科学，2010.06:1513－1518

［113］张如婧,张姝．建设高效益"蓝色粮仓"．人民政协报,2011－06－07

［114］傅军．邮轮母港助推青岛港口经济转型．中国水运报,2012－12－14

［115］中华人民共和国国务院新闻办公室．中国海洋事业的发展．北京:海洋出版社,1998

［116］卞耀武,曹康泰等．中华人民共和国海域使管理法释义．北京:法律出版社,2002:80－110

［117］张宏声．全国海洋功能区划概要．北京:海洋出版社2003:112－136

［118］陈可文．中国海洋经济学．北京:海洋出版社,2003:45－80

［119］山东省人民政府．山东省海洋功能区划．北京:海洋出版社,2004

［120］朱晓东．海洋资源概论．北京:高等教育出版社,2005:42－50

[121] 韩立民,陈艳. 海域使用管理的理论与实践. 山东:青岛海洋大学版社,2006

[122] 海洋发展论坛. 海洋世纪与中国海洋发展战略研究. 青岛:中国海洋大学出版社,2006

[123] 刘承初. 海洋生物资源综合利用. 北京:化学工业出版社,2006:112 - 152

[124] 高之国,张海文. 海洋国策研究文集. 北京:海洋出版社,2007:135 - 170

[125] 辛仁臣. 海洋资源. 北京:中国石化出版社,2008:50 - 56

[126] 周小萍,毕继业. 不动产估价. 北京:北京师范大学出版社,2008:60 - 65

[127] 徐志良. 中国"新东部"——海陆区划统筹构想. 北京:海洋出版社, 2008

[128] 徐祥民. 中国海域有偿使用制度研究. 北京:中国环境科学出版社,2009

[129] 张惠荣. 海域使用权属管理与执法对策. 北京:海洋出版社,2009

[130] 刘容子. 环渤海地区海洋资源对经济发展的承载力研究. 北京:科学出版社,2009

[131] 中国标准出版社. 海域使用管理标准体系. 北京:中国标准出版社, 2009:25 - 56

[132] 况伟大. 房地产经济学. 北京:中国社会科学出版社,2010:75 - 89

[133] (马来)蔡程瑛,周秋麟. 海岸带综合管理的原动力——东亚海域海岸带可持续发展的实践应用. 北京:海洋出版社, 2010

[134] 王利,韩增林. 不同尺度空间发展区划的理论与实证. 北京:科学出版社,2010:160 - 172

[135] 孙湘平. 关注海洋 – 中国近海及毗邻海域海洋知识. 北京:中国国际广播出版社,2012:186 - 196

[136] 熊磊. 海域使用管理法研究:[硕士学位论文]. 大连:大连海事大学, 2004:34 - 58

[137] 袁延冰. 海域使用论证制度的实施研究:[硕士学位论文]. 北京:中国农业科学院,2004:41-52

[138] 林绍花. 海洋功能区划适宜性评价模型研究:[硕士学位论文]. 青岛:中国海洋大学,2006:26-39

[139] 秦书莉. 海域价格及其评估方法的理论与实证研究:[硕士学位论文]. 天津:天津师范大学,2006:33-44

[140] 董琳. 海域使用管理实践研究与理论探讨:[硕士学位论文]. 厦门:厦门大学,2008:64-78

[141] 张小雪. 我国环境影响评价制度与海域使用论证制度的比较:[硕士学位论文]. 青岛:中国海洋大学,2008:35-36

[142] 许小燕. 江苏海洋功能区划不一致性研究:[硕士学位论文]. 南京:南京师范大学,2008:16-17

[143] 高磊. 海域使用现状数据整合关键技术研究:[硕士学位论文]. 南京:南京师范大学,2008:19-26

[144] 钟慧颖. 海域使用论证对海洋环境保护作用的研究:[硕士学位论文]. 大连:大连海事大学,2008:40-58

[145] 孙悦. 海域使用管理法律问题研究:[硕士学位论文]. 大连:大连海事大学,2008:35-46

[146] 张亭亭. 海域环境容量的价值评估:[硕士学位论文]. 厦门:厦门大学,2009:46-59

[147] 陈学刚. 黄岛区海域主导功能分析与海域使用管理对策研究:[硕士学位论文]. 青岛:中国海洋大学,2009:31-38

[148] 岳奇. 莱州港海域使用金评估方法研究:[硕士学位论文]. 天津:天津大学,2010:28-37

[149] 霍军. 海域承载力影响因素与评估指标体系研究:[硕士学位论文]. 青岛:中国海洋大学,2010:51-61

[150] 周倩倩. 我国海洋功能区划法律制度研究:[硕士学位论文]. 青岛:中国海洋大学,2012:24-27

[151] 宋德瑞. 我国海域使用需求与发展分析研究:[硕士学位论文]. 大连:

大连海事大学,2012:35-53

[152] 陈洲杰.《舟山市海洋功能区划》实施情况评价与优化研究:[硕士学位论文].舟山:浙江海洋学院,2012:44-47

[153] 杨辉.海域使用论证的理论与实践研究:[博士学位论文].青岛:中国海洋大学,2007:45-58

[154] 李东旭.海洋主体功能区划理论与方法研究:[博士学位论文].青岛:中国海洋大学,2011:74-80

[155] 刘洋.海洋功能区划布局技术研究与应用:[博士学位论文].青岛:中国海洋大学,2012:49-59

[156] 滕菲.海域使用不可行性论证的研究:[博士学位论文].青岛:中国海洋大学,2012:87-104

[157] 吕彩霞.论我国海域使用管理及其法律制度:[博士学位论文].青岛:中国海洋大学,2013:86-112

[158] 于青松.全面实施海洋功能区划制度 扎实推进海洋功能区划工作.海洋开发与管理,2008,06:6-8

[159] 于青松.不断完善海域论证管理制度.海洋开发与管理,2008,07:7-10

[160] 王倩,郭佩芳.海洋主体功能区划与海洋功能区划关系研究.海洋湖沼通报,2009,04:188-192

[161] 徐伟.项目用海与海洋功能区划符合性判定标准研究.海洋开发与管理,2010,07:4-7

[162] 刘赐贵.全面实施海洋功能区划 大力推动海洋经济发展.海洋开发与管理,2012.04:10-12

[163] 傅金龙,张元和.浙江省海洋生态环境存在的问题和对策研究.决策咨询通讯,2003.12:68-71

[164] 林文毅,卢昌彩.关于建设海洋生态经济区的思考.海洋开发与管理,2004.02:52-55

[165] 苏朝辉.发展福建经济必须与环境、资源相协调.资源开发与市场,2003.06:157-158

[166] 李炯光. 古典区位论:区域经济研究的重要理论基础. 求索,2004.01:14 – 16

[167] 冯邦彦,叶光毓. 从区位理论演变看区域经济的逻辑体系构建. 经济问题探索,2007.04

[168] 刘长礼. 城市地质环境风险经济学评价:[博士学位论文]. 北京:中国地质科学院,2007:80 – 84

[169] 王静. 我国港口用海基准价格评估方法与实证研究:[硕士学位论文]. 杭州:浙江大学,2013:61 – 71

[170] 李存贵. 中国城乡一体化进程中的产业合作问题研究:[博士学位论文]. 哈尔滨:东北林业大学,2011:121 – 146

[171] 张建秋. 传统农区工业化空间分异规律研究:[博士学位论文]. 郑州:河南大学,2012:100 – 114

[172] 林绍华. 长乐市旅游信息系统的研建:[硕士学位论文]. 福州:福建师范大学,2006:39 – 44

[173] 宋庆辉. 基于 GIS 的旅游信息系统的研究与设计:[硕士学位论文]. 邯郸:河北工程大学,2008:44 – 48

[174] 汤波艳. 喀斯特旅游资源开发的环境经济损益分析与研究:[硕士学位论文]. 贵阳:贵州师范大学,2004:88 – 115

[175] 王潇. 矿产资源开发生态补偿研究:[硕士学位论文]. 兰州:甘肃农业大学,2008:113 – 123

[176] 宋冬林,汤吉军. 资源型城市制度弹性、沉淀成本与制度变迁. 厦门大学学报(哲学社会科学版),2006.01:103 – 109

[177] 郑鹏. 中国海洋资源开发与管理态势分析. 农业经济与管理,2012.10:81 – 86

[178] 郑鹏. 海洋气象观测网专业网建设规划初步方案. 中国农业信息,2013.01

[179] 赵伟. 辽宁省海洋经济发展研究:[硕士学位论文]. 大连:辽宁师范大学,2008:47 – 51

[180] 王光升. 中国沿海地区经济增长与海洋环境污染关系实证研究:[博

士学位论文]. 青岛:中国海洋大学,2013:124-171

[181] 李良才. 海洋渔业资源养护之激励工具——概念、评价标准与对策. 渔业经济研究,2009.04:7-9

[182] 郝艳萍,孙吉亭. 海洋产业可持续发展是建设海洋强国的必由之路. 中国海洋报,2005.11

[183] 翟波. 海洋资源与海洋经济的可持续发展. 经营与管理,2008.06:29-30

[184] 薛秀萍. 海域使用权制度研究:[硕士学位论文]. 呼和浩特:内蒙古大学,2006.05:105-130

[185] 刘姝. 中日韩三国沿海城市填海造地战略研究与分析:[硕士学位论文]. 大连:大连理工大学,2013.06:75-87

[186] 吕彩霞. 海域使用管理立法的主要目的和基本制度. 海洋开发与管理,2002.01:27-30

[187] 张志华,曹可,马红伟等. 中国海洋综合管控的蓝色天网——国家海域动态监视监测管理系统. 海洋世界,2012.12:15-37

[188] 王玉银. 坚持"五个用海"统筹协调海洋开发与保护. 中国海洋报,2002-05-02

[189] 郭毅芝. 论我国权证市场的发展:[硕士学位论文]. 昆明:云南财经大学,2011.05:34-47

[190] 贺义雄,吕亚慧,勾维民等. 海洋资源价格评估的理论与应用研究——以市场法为例. 辽宁经济,2013.09

[191] 毛建丽. 重庆经济增长因素分析:[硕士学位论文]. 重庆:西南政法大学,2008.04:38-60

[192] 蔡云. 物流产业发展对经济增长影响的实证研究——基于贵州省的实证分析. 理论月刊,2011.09:173-176

[193] 张贤跃. 四川省经济增长因素协整分析和政策建议:[硕士学位论文]. 重庆:西南财经大学,2006.04:21-24

[194] 陈柳钦. 城市功能及其空间结构和区际协调. 中国名城,2011.01:46-55

［195］郑慧芬.亚热带海湾水产养殖绿色核算:［硕士学位论文］.福州:福建师范大学,2006.04:25 - 27

［196］程国有,周牟洮.城市功能叠加规律与全国重点中心城市建设.青岛行政学院学报,2005.08:59 - 61

［197］李亚楠,苗丽娟,曹可等.试论不改变海域属性的增养殖、旅游类用海价格评估.海洋开发与管理,2009.09:99 - 103

［198］齐俊婷.海洋开发活动的经济效益评价研究:［硕士学位论文］.青岛:中国海洋大学,2008:50 - 61

［199］祁东.青岛港老港区改造方案研究:［硕士学位论文］.青岛:中国海洋大学,2013:50 - 57

［200］赵利民,孙国荣.加强海洋综合管理,促进浙江海洋经济可持续发展.海洋开发与管理,2011.06:20 - 25

［201］任昕.我国海洋主导产业经济效应研究:［硕士学位论文］.青岛:中国海洋大学,2012:46 - 57

附录1：

青岛地区项目用海情况简表

二级类		海洋功能区		地区	地理范围	面积（km）	使用现状	管理要求
代码	命名	代码	名称					
1.1	港口区	1.1－46	前湾综合港	青岛市	青岛市黄岛前湾		陆路交通方便,腹地宽阔,已建成6个万亿吨级泊位	1. 新建或扩建港口工程,要严格管理、科学论证,做到选址合理、规模适中; 2. 港口的施工建设与运营应加强污染防治工作,杜绝污染损害事故的发生,避免对海域生态环境产生不利的影响; 3. 港口区内养殖筏架应予以清除; 4. 海水水质要求达到四类标准。
		1.1－47	大港综合港	青岛市	青岛市,自海泊河口至6号码头		已建有码头9座,泊位70个,其中24个万吨级	
		1.1－48	黄岛油港	青岛市	青岛市黄岛东北侧		已建成2座油码头和储油罐、输油管线等	

二级类		海洋功能区		地区	地理范围	面积（km）	使用现状	管理要求
代码	命名	代码	名称					
1.1	港口区	1.1-49	小港	青岛市	小港南防波堤至中港南界		已建成渔商两用港	1. 新建或扩建港口工程，要严格管理、科学论证，做到选址合理、规模适中； 2. 港口的施工建设与运营应加强污染防治工作，杜绝污染损害事故的发生，避免对海域生态环境产生不利的影响； 3. 海水水质要求达到四类标准。
		1.1-50	东营港	青岛市	青岛市大沽河口西岸		已建成渔货兼用码头1座	
		1.1-51	黄岛港	青岛市	青岛市黄岛油港与电厂之间		已建成地方渔货兼容港	
		1.1-52	小岔湾公务港	青岛市	青岛市小岔湾		位置适于救捞、治安、港务等船靠泊	
		1.1-53	中港公务港	青岛市	青岛市小港北至6号码头		现建有公务港	
		1.1-54	青岛造船工业港	青岛市	青岛市四川路西海岸，轮渡南部		已建成青岛造船厂	
		1.1-55	4808厂工业码头	青岛市	青岛市四川路西海岸轮渡码头北部		已建成4808厂	
		1.1-56	海泊河南部工业码头	青岛市	青岛市海泊河口南侧		已动工	
		1.1-57	海泊河北部工业码头	青岛市	青岛市海泊河口北侧，环湾公路西		正在建设航务二公司工程用港	
		1.1-58	黄岛轮渡码头	青岛市	黄岛南岸		已建成轮渡码头	
		1.1-59	四川路轮渡码头	青岛市	四川路西北海岸		已建成轮渡码头	

二级类		海洋功能区		地区	地理范围	面积（km）	使用现状	管理要求
代码	命名	代码	名称					
1.1	港口区	1.1-60	柴岛港	青岛市	青岛市鳌山卫镇柴岛附近		已动工	1. 新建或扩建港口工程，要严格管理、科学论证，做到选址合理、规模适中；2. 港口的施工建设与运营应加强污染防治工作，杜绝污染损害事故的发生，避免对海域生态环境产生不利的影响；3. 海水水质要求达到三类标准。
		1.1-61	大湾港	青岛市	胶南市灵山卫南大湾湾		已建成地方港口	
		1.1-62	安子港	青岛市	青岛市海西湾西岸		已建成渔货兼用码头1座	
		1.1-63	沙子口港	青岛市	青岛市沙子口湾北岸		已建成小型货运码头	
		1.1-64	燕儿岛旅游科研港	青岛市	青岛市燕儿岛西侧		利用北海船厂旧址，改建成旅游科研港	
		1.1-65	倒观嘴工业港	青岛市	青岛市海西湾内倒观嘴		已动工	
		1.1-66	海西湾西海岸工业港	青岛市	青岛市海西湾西岸		已动工	
		1.1-67	丁家嘴工业港	胶南市	胶南市灵山湾		已建有胶南修船厂1座	
		1.1-68	小青岛旅游码头	青岛市	青岛市小青岛以北		已建有码头	
		1.1-69	团岛湾旅游码头	青岛市	青岛市团岛以北		待开发	
		1.1-70	薛家岛旅游码头	青岛市	青岛市薛家岛后岔湾西部		待开发	
		1.1-71	灵山岛旅游码头	胶南市	胶南市灵山岛西北岸		已建有小型码头1座	

二级类		海洋功能区		地区	地理范围	面积(km)	使用现状	管理要求
代码	命名	代码	名称					
1.1	港口区	1.1-72	琅琊台旅游码头	胶南市	胶南市琅琊台以南海岸		待开发	
		1.1-73	太清宫旅游码头	青岛市	青岛市崂山太清宫北岸		已建成小型旅游码头1座	
		1.1-74	仰口旅游码头	青岛市	位于王哥庄镇仰口风景度假区		已建成小型旅游码头1座	
		1.1-75	田横岛旅游码头	即墨市	即墨市田横岛北岸		待开发	
		1.1-76	显浪嘴施工南码头	青岛市	显浪嘴南部		已建成港沉箱拖运码头	
2.1	渔港和渔业设施基地建设区	2.1-39	积米崖渔港	胶南市	胶南市唐岛湾西岸		已建成1000吨级泊位的渔港和小型渔港修理厂	1. 渔港和渔业设施基地的建设,要严格申请审批制度,制止无政府行为; 2. 严密监视渔船和渔业设施的倾倒、排污等活动,防止污染损害事故发生; 3 海水水质达到三类水质标准
		2.1-40	女岛渔港	即墨市	即墨市女岛以北		已建成小型渔港和简易渔轮修理厂	
		2.1-41	沙子口渔港	即墨市	即墨市沙子口镇海庙南部		已建成小型渔港和简易渔轮修理厂	

二级类		海洋功能区		地区	地理范围	面积（km）	使用现状	管理要求
代码	命名	代码	名称					
2.2	养殖区	2.2－53	丁字湾南部池塘养殖区	即墨市	即墨市丁字湾南部栳栳滩至金口滩	2670	海水清洁、营养盐丰富，溶解氧含量较高，溶解氧饱和度在100%左右，PH值在7.0－8.0之间	1. 必须按照海域使用权证书批准的范围、方式从事养殖生产； 2. 加强水质监测，防止污染损害事故发生； 3. 海水水质达到一类水质标准
		2.2－54	泊子滩池塘养殖区	即墨市	即墨市横门湾北部	1200	海水清洁、营养盐丰富，溶解氧含量较高，PH值在7.0－8.0之间	
		2.2－55	烟台滩池塘养殖区	即墨市	即墨市岙山卫镇西南部	1200	海水清洁、营养盐丰富，溶解氧含量较高，PH值在7.0－8.0之间	
		2.2－56	水泊河口池塘养殖区	青岛市	崂山北湾西北部	370	海水清洁、营养盐丰富，溶解氧含量较高，溶解氧饱和度在100%左右，PH值在7.0－8.0之间，砂质池底	1. 必须按照海域使用权证书批准的范围、方式从事养殖生产； 2. 加强水质监测，防止污染损害事故发生； 3. 海水水质达到二类水质标准
		2.2－57	海东至黄埠池塘养殖区	青岛市	崂山北湾北部大桥盐场以西	530	海水清洁、营养盐丰富，溶解氧含量较高，溶解氧饱和度在100%左右，PH值在7.0－8.0之间，砂质池底	
		2.2－58	胶州湾北部池塘养殖区	青岛市	红岛以西大沽河以东盐田以南	700	海水一般情况下污染不明显，营养盐丰富，溶解氧含量较高，PH值在8.2－8.3之间	

续表

二级类		海洋功能区		地区	地理范围	面积(km)	使用现状	管理要求
代码	命名	代码	名称					
2.2	养殖区	2.2-59	胶州湾西北部池塘养殖区	胶州市	胶州市营海至红石崖沿海	700	海水一般情况下污染不明显,营养盐丰富,溶解氧含量较高,PH值在8.2-8.3之间	
		2.2-60	古镇口湾西部池塘养殖区	胶南市	胶南市崔家滩东部		海水清洁、营养盐丰富,溶解氧含量较高,PH值在8.0之间,砂质池底	
		2.2-61	王家台后西北部池塘养殖区	胶南市	胶南市王家台后西北部		海水清洁、营养盐丰富,溶解氧含量较高,PH值在8.0之间,砂质池底	
		2.2-62	西杨家洼西北部池塘养殖区	胶南市	胶南市西杨家洼至王家洼间		海水清洁、营养盐丰富,溶解氧含量较高,PH值在8.0之间,砂质池底	
		2.2-63	董家口北部池塘养殖区	胶南市	胶南市董家口西北滩涂		海水清洁、营养盐丰富,溶解氧含量较高,PH值在8.0之间,砂质池底	
		2.2-64	庙后西部池塘养殖区	胶南市	胶南市黄家塘湾北部庙后村以东		海水清洁、营养盐丰富,溶解氧含量较高,PH值在8.0之间,砂质池底	

续表

二级类		海洋功能区		地区	地理范围	面积（km）	使用现状	管理要求
代码	命名	代码	名称					
2.2	养殖区	2.2-65	王哥庄东部池塘养殖区	青岛市	崂山区王哥庄镇东北滩涂	270	海水清洁、营养盐丰富,溶解氧含量较高,PH值在8.0之间,砂质池底	
		2.2-66	胶州湾北部养殖区	青岛市	红岛西南部	2700	水深在0m等深线以内,泥沙底质。海水清洁、营养盐丰富,溶解氧含量较高,适合菲律宾蛤养殖	
		2.2-67	胶州湾东北部养殖区	青岛市	红岛至墨水河口中心河道	1200	水深在0m等深线以内,泥沙底质。海水清洁、营养盐丰富,溶解氧含量较高,适合贝类养殖	
		2.2-68	胶州湾北部养殖区	胶州市	红石崖以东	1600	水深在0m等深线以内,泥沙底质。海水清洁、营养盐丰富,溶解氧含量较高,适合菲律宾蛤养殖	
		2.2-69	古镇口湾北部养殖区	胶南市	胶南市古镇口北半部	500	水深在1.9m以内,浅泥沙底质。海水清洁、营养盐丰富,溶解氧含量较高,适合缢蛏养殖	
		2.2-70	黄家塘湾北部养殖区	胶南市	胶南市黄家塘湾和棋子湾北部	1000	水深在1.0m以内,沙质海底。海水清洁、营养盐丰富,溶解氧含量较高,适合西施舌等贝类生长。	

二级类		海洋功能区		地区	地理范围	面积 (km)	使用现状	管理要求
代码	命名	代码	名称					
2.2	养殖区	2.2-140	竹岔岛东南部浅海养殖区	青岛市	青岛竹岔岛东南部 10m 以上深处		水深 10-20m,水体活跃,营养盐较丰富,浮游生物和盐度较高,适合浅海贝藻养殖	1. 必须按照海域使用权证书批准的范围、方式从事养殖生产; 2. 加强水质监测,防止污染损害事故发生; 3. 海水水质达到一类水质标准
		2.2-141	胶南浅海养殖区	胶南市	唐家湾口至黄家塘湾。在 20m 等深线以浅(航道除外)海域		水体活跃,营养盐较丰富,浮游生物较高,适合养殖海带、扇贝等	
		2.2-142	石老人南部浅海养殖区	青岛市	青岛市石老人南 2-7m		水深 10-20m,水体活跃,营养盐较丰富,浮游生物和盐度较高,适合浅海贝藻养殖	
		2.2-143	即墨浅海养殖区	即墨市	崂山湾至丁字湾		水深 2-20m,水体活跃,营养盐较丰富,浮游生物和盐度较高,适合浅海贝藻养殖	
2.3	增殖区	2.3-16	横门湾北部增殖区	即墨市	即墨市横门湾虾池外滩涂		水深 1.0m 以内,泥沙底质,海水清洁,适合贝类生长	
		2.3-17	丁字湾南部增殖区	即墨市	即墨市丁字湾虾池外滩涂		水深 1.0m 以内,泥沙底质,海水清洁,适合贝类生长	
		2.3-18	竹岔岛增殖区	青岛市	竹岔岛、脱岛、大石岛、小石岛周边岩礁区		营养盐丰富、有底栖藻类分布,适于刺参、盘鲍、石花菜等生长	

续表

二级类		海洋功能区		地区	地理范围	面积（km）	使用现状	管理要求
代码	命名	代码	名称					
2.3	增殖区	2.3－19	灵山岛增殖区	青岛市	青岛市灵山岛周围岩礁区		营养盐丰富,藻类丛生,适合刺参、盘鲍生长	1. 必须进行整治与保护,以恢复并维持其良好的生态系统循环; 2. 严格限制危及海域环境的用海活动,防止污染损害事故发生; 3. 海水水质达到一类水质标准
		2.3－20	相子门沿岸增殖区	胶南市	胶南市相子门近岸礁岩区		岸边有大面积岩礁分布,海水清洁,饵料丰富,适于扇贝、刺参、盘鲍等生长	
		2.3－21	斋堂岛增殖区	胶南市	胶南市斋堂岛周边岩礁区		海水清洁,底栖海藻丛生,刺参、盘鲍、石花菜、海胆分布较多	
		2.3－22	沐官岛增殖区	胶南市	胶南市沐官岛周边岩礁区		海水清洁,海藻丛生,营养盐丰富,适合刺参、扇贝、盘鲍生张	
		2.3－23	马儿岛增殖区	青岛市	青岛市马儿岛周边岩礁区		岩礁面积较大,海水清洁,有较多的刺参、盘鲍、石花菜分布	
		2.3－24	大、小管岛增殖区	青岛市	青岛市大、小管岛周围岩礁区		岩礁分布面积较大,海水清洁,底栖藻类丛生,有良好的刺参、盘鲍、石花菜等资源	
		2.3－25	田横岛增殖区	即墨市	青岛市田横岛周围岩礁区		海水清洁、肥沃,藻类繁盛,刺参、盘鲍、扇贝、海胆等海珍品资源良好	
		2.3－26	小麦岛外增殖区	青岛市	青岛市小麦岛以南1.5－2.0km		该海域海水清洁,适宜海珍品生长,可投放人工礁,进行海珍品增养殖	

续表

二级类		海洋功能区		地区	地理范围	面积（km)	使用现状	管理要求
代码	命名	代码	名称					
2.4	捕捞区	2.4－4	青岛捕捞区	青岛近海			有马面鲀、梭鱼、青磷鱼、牙鲆、带鱼、长绵鳚、对虾、梭子蟹等分布	1. 保护海域环境，防止污染损害事故发生； 2. 保护海洋渔业资源，实现海洋渔业资源的可持续利用； 3. 控制捕捞强度，严禁滥渔滥捕。
4.1	风景旅游区	4.1－28	灵山湾国家森林公园	胶南市	胶南市胶南镇大河东附近		有近7km2的黑松林和刺槐林连片，碧涛林海，清净幽雅，融森林浴、海水浴、日光浴和沙浴为一体	1. 严格控制岸线附近的景区建设工程，严厉禁止破坏性开发活动； 2. 周围的海域使用活动要与风景旅游区相协调； 3. 治理和保护海域环境，尽量减少污染和损害事故的发生； 4. 海水水质达到二类水质标准
		4.1－29	灵山岛风景旅游区	胶南市	胶南市灵山岛		奇峰异洞众多，有望海楼、象鼻山、老虎嘴等天然景观，岛上环境幽静	
		4.1－30	琅玡台风景名胜区	胶南市	胶南市琅玡台、斋堂岛		以秦始皇三次东巡时登临而闻名。另有越王勾践流放、徐福东渡等传说。已建御道、望越亭、碑亭等景点。	
		4.1－31	前海风景旅游区	青岛市	青岛市团岛至燕儿岛		已有栈桥、水晶城、小青岛、海军博物馆、鲁迅公园、小鱼山公园、海水浴场、八大关等景点	

| 二级类 | | 海洋功能区 | | 地区 | 地理范围 | 面积（km） | 使用现状 | 管理要求 |
代码	命名	代码	名称					
4.1	风景旅游区	4.1-32	崂山风景旅游区	青岛市	青岛市鲍鱼岛至王哥庄		有上清宫、太清宫、明霞洞、钓鱼台、八仙墩等名胜古迹	
		4.1-33	大珠山风景旅游区	青岛市	青岛市大珠山东部		山势挺拔秀丽，怪石造型逼真，礁石如笋出海，林木茂盛，杜鹃花遍布，气候宜人	
4.2	度假旅游区	4.2-12	石老人度假旅游区	青岛市	燕儿岛至石老人		将建成现代化的综合服务区、度假别墅区、啤酒文化城、高尔夫球场、海水浴场等	1. 保持环境优美整洁，防止污染损害事故的发生；2. 周围的海域使用活动要与度假旅游区相协调。防止其他活动影响旅游环境；3. 落实防护措施，确保游客安全；4. 海水水质达到二类水质标准
		4.2-13	流清河度假旅游区	青岛市	青岛市南窑至鲍鱼岛		依山面海，奇峰突兀，海岸陡峭，山清水秀，气候宜人，是崂山风景区的南大门	
		4.2-14	仰口度假旅游区	青岛市	青岛市港东至黄山		已建成旅游索道、海水浴场和部分度假别墅等旅游服务设施	
		4.2-15	鳌山度假旅游区	即墨市	即墨市鳌山卫镇以南		三面环海，北临温泉，已建有部分度假别墅	
		4.3-16	田横岛度假旅游区	即墨市	即墨市田横岛及附近小岛		已有码头和宾馆等设施，岛上有田横部下五百义士墓，有耐冬花分布	

附录2：

全国海洋功能区划（2011～2020年）

前　言

海洋是潜力巨大的资源宝库，是人类赖以生存和发展的蓝色家园。我国管辖海域辽阔，是经济社会可持续发展的重要载体和生态文明建设的战略空间。为深入贯彻落实科学发展观，合理开发利用海洋资源，保护和改善海洋生态环境，提高海洋综合管控能力，推进海洋经济发展，依据《中华人民共和国海域使用管理法》、《中华人民共和国海洋环境保护法》等法律法规和国家有关海洋开发保护的方针、政策，在2002年国务院批准的《全国海洋功能区划》基础上，制定《全国海洋功能区划（2011～2020年）》（以下简称《区划》）。

《区划》科学评价我国管辖海域的自然属性、开发利用与环境保护现状，统筹考虑国家宏观调控政策和沿海地区发展战略，提出了指导思想、基本原则和主要目标，划分了农渔业、港口航运、工业与城镇用海、矿产与能源、旅游休闲娱乐、海洋保护、特殊利用、保留等八类海洋功能区，确定了渤海、黄海、东海、南海及台湾以东海域的主要功能和开发保护方向，并据此制定保障《区划》实施的政策措施。《区划》是我国海洋空间开发、控制和综合管理的整体性、基础性、约束性文件，是编制地方各级海洋功能区划及各级各类涉海政策、规划，开展海域管理、海洋环境保护等海洋管理工作的重要依据。

《区划》范围为我国的内水、领海、毗连区、专属经济区、大陆架以及管辖的其他海域。《区划》期限为 2011 年至 2020 年。

第一章　海洋开发与保护状况

第一节　海域和海洋资源

我国濒临渤海、黄海、东海、南海及台湾以东海域,跨越温带、亚热带和热带。大陆海岸线北起鸭绿江口,南至北仑河口,长达 1.8 万多公里,岛屿岸线长达 1.4 万多公里。海岸类型多样,大于 10 平方公里的海湾 160 多个,大中河口 10 多个,自然深水岸线 400 多公里。

我国海洋资源种类繁多,开发潜力大。海洋资源的开发利用为沿海地区经济社会发展做出了重要贡献。2010 年,海洋生产总值占国内生产总值的比重接近 10%,涉海就业人员超过 3300 万;海水产品产量 2798 万吨,比 2002 年增加 26%;沿海港口 150 多个,年货物吞吐量 56.45 亿吨,比 2002 年增加 228%,其中吞吐量位居世界前十位的港口有 8 个;海洋油气年产量超过 5000 万吨油当量,占全国油气年产量的近 20%;滨海旅游业增加值约占海洋产业增加值的 22%,发展迅速,已经成为海洋经济的重要支柱产业。

第二节　海域管理与环境保护状况

2002 年,国务院批准了全国海洋功能区划,为海域管理提供了科学依据。到 2010 年底,国务院和沿海县级以上地方各级人民政府依据海洋功能区划确权海域使用面积 194 万公顷,基本解决了海域使用中长期存在的"无序、无度、无偿"等问题。依法审批建设用海 24.2 万公顷,切实保障了能源、交通等国家重大基础设施和防灾减灾等民生工程用海需求,成为沿海地区拓展发展空间、推动经济社会发展的重要途径;依法确权海水增养殖及渔港、人工鱼礁等渔业用海 160 多万公顷,为沿海渔业发展、渔民增收提供了用海保障。

海洋污染防治和生态建设工作不断加强。国家与地方相结合的立体海洋环境监测与评价体系基本形成。沿海地区采取有效措施加大陆源入海污染物控制力度,减少海上污染排放。海洋保护区数量和面积稳步增长,已建各级各类海洋保护区 221 处,其中海洋自然保护区 157 处,海洋特别保护区 64 处,总面积 330 多万公顷(含部分陆域)。已建立海洋国家级水产种质资源保护区 35 个,覆盖海域面积达505.5万公顷。通过红树林人工种植等生态修复工程,恢复了部分区域的海洋生态功能。通过采取海洋伏季休渔、增殖放流、水产健康养殖,水产种质资源保护区、人工鱼礁和海洋牧场建设等措施,减缓了海洋渔业资源衰退趋势。目前,我国管辖海域海洋环境质量状况总体较好,基本满足海洋功能区管理要求。

但是,海域管理和环境保护仍存在一些问题。海域管理的法律法规、制度与任务要求不相适应,海域监管能力薄弱;海岸和近岸海域开发密度高、强度大,可供开发的海岸线和近岸海域后备资源不足;工业和城镇建设围填海规模增长较快,海岸人工化趋势明显,部分围填海区域利用粗放;陆地与海洋开发衔接不够,沿海局部地区开发布局与海洋资源环境承载能力不相适应;近岸部分海域污染依然严重,滨海湿地退化形势严峻,海洋生态服务功能退化,赤潮、绿潮等海洋生态灾害频发,溢油、化学危险品泄漏等重大海洋污染事故时有发生。

第三节　面临的形势

当前和今后一个时期,是我国全面建设小康社会的关键时期,也是坚定不移走科学发展道路、切实提高生态文明建设水平的重要阶段,必须深刻认识并全面把握海洋开发利用与环境保护面临的新形势,有效化解由此带来的各种矛盾。

——海洋经济发展战略加快实施。党的十七届五中全会提出"科学规划海洋经济发展",国家"十二五"规划对推进海洋经济发展做出战略部署。国务院批准了沿海多个区域规划,启动了海洋经济发展试点。

——沿海地区工业化、城镇化进程加快。能源、重化工业向沿海地区集聚,滨海城镇和交通、能源等基础设施在沿海布局,各类海洋工程建设规模不断扩大,海洋新兴产业迅速发展,建设用海需求旺盛。

——陆源和海上污染物排海总量快速增长,重大海洋污染事件频发。气候变化导致了海平面上升、极端天气与气候事件频发等,海洋自然灾害损失倍增,海洋防灾减灾和处置环境突发事件的形势严峻。

——涉海行业用海矛盾突出,渔业资源和生态环境损害严重,统筹协调海洋开发利用的任务艰巨。近岸海域渔业用海进一步被挤占,稳定海水养殖面积、促进海洋渔业发展、维护渔民权益的任务艰巨。

——沿海地区人民群众的环境意识不断增强。对清洁的海洋环境、优美的滨海生活空间和亲水岸线的要求不断提高,对健康、安全的海洋食品需求不断增加,对核电、危险化学品生产安全高度关注。

——海洋权益斗争趋于复杂。沿海国家制定和实施海洋战略，围绕控制海洋空间、争夺海洋资源、保护海洋环境等方面，加强对海洋的控制、占有和利用。

总之，随着我国经济社会发展及沿海地区人口增长，必然导致对海域空间提出持续增长的数量需求和质量安全需求。我们既要保障经济发展提出的建设用海需求，又要保障渔业生产、渔民增收提出的基本用海需求，更要保障生态安全提出的保护用海需求。

第二章 指导思想、基本原则和主要目标

第一节 指导思想

以邓小平理论和"三个代表"重要思想为指导，深入贯彻落实科学发展观，适应"发展海洋经济""提高海洋开发、控制、综合管理能力""维护我国海洋权益"战略实施的新形势，坚持在发展中保护、在保护中发展，科学分区、准确定位、综合平衡，合理配置海域资源，统筹协调行业用海，优化海洋开发空间布局，提高海域资源利用效率，实现规划用海、集约用海、生态用海、科技用海、依法用海，促进沿海地区经济平稳较快发展和社会和谐稳定。

第二节 基本原则

——自然属性为基础。根据海域的区位、自然资源和自然环境等自然属性，综合评价海域开发利用的适宜性和海洋资源环境承载能力，科学确定海域的基本功能。

——科学发展为导向。根据经济社会发展的需要，统筹安排各行业用海，合理控制各类建设用海规模，保证生产、生活和生态用海，引导海洋产业优化布局，节约集约用海。

——保护渔业为重点。渔业可持续发展的前提是传统渔业水域不被挤占、侵占，保护渔业资源和生态环境是渔业生产的基础，渔民增收的保障，更是保证渔区稳定的基础。

——保护环境为前提。切实加强海洋环境保护和生态建设，统筹考虑海洋环境保护与陆源污染防治，控制污染物排海，改善海洋生态环境，防范海洋环境突发

事件,维护河口、海湾、海岛、滨海湿地等海洋生态系统安全。

——陆海统筹为准则。根据陆地空间与海洋空间的关联性,以及海洋系统的特殊性,统筹协调陆地与海洋的开发利用和环境保护。严格保护海岸线,切实保障河口海域防洪安全。

——国家安全为关键。保障国防安全和军事用海需要,保障海上交通安全和海底管线安全,加强领海基点及周边海域保护,维护我国海洋权益。

第三节　主要目标

通过科学编制和严格实施海洋功能区划,到2020年,实现以下主要目标:

——增强海域管理在宏观调控中的作用。海域管理的法律、经济、行政和技术等手段不断完善,海洋功能区划的整体控制作用明显增强,海域使用权市场机制逐步健全,海域的国家所有权和海域使用权人的合法权益得到有效保障。

——改善海洋生态环境,扩大海洋保护区面积。主要污染物排海总量得到初步控制,重点污染海域环境质量得到改善,局部海域海洋生态恶化趋势得到遏制,部分受损海洋生态系统得到初步修复。至2020年,海洋保护区总面积达到我国管辖海域面积的5%以上,近岸海域海洋保护区面积占到11%以上。

——维持渔业用海基本稳定,加强水生生物资源养护。渔民生产生活和现代化渔业发展用海需求得到有力保障,重要渔业水域、水生野生动植物和水产种质资源保护区得到有效保护。至2020年,水域生态环境逐步得到修复,渔业资源衰退和濒危物种数目增加的趋势得到基本遏制,捕捞能力和捕捞产量与渔业资源可承受能力大体相适应,海水养殖用海的功能区面积不少于260万公顷。

——合理控制围填海规模。严格实施围填海年度计划制度,遏制围填海增长过快的趋势。围填海控制面积符合国民经济宏观调控总体要求和海洋生态环境承载能力。

——保留海域后备空间资源。划定专门的保留区,并实施严格的阶段性开发限制,为未来发展预留一定数量的近岸海域。全国近岸海域保留区面积比例不低于10%。严格控制占用海岸线的开发利用活动,至2020年,大陆自然岸线保有率不低于35%。

——开展海域海岸带整治修复。重点对由于开发利用造成的自然景观受损严重、生态功能退化、防灾能力减弱,以及利用效率低下的海域海岸带进行整治修复。至2020年,完成整治和修复海岸线长度不少于2000公里。

第三章 海洋功能分区

第一节 农渔业区

农渔业区是指适于拓展农业发展空间和开发海洋生物资源,可供农业围垦,渔港和育苗场等渔业基础设施建设,海水增养殖和捕捞生产,以及重要渔业品种养护的海域,包括农业围垦区、渔业基础设施区、养殖区、增殖区、捕捞区和水产种质资源保护区。

农业围垦区主要分布在江苏、上海、浙江及福建沿海。渔业基础设施区主要为国家中心渔港、一级渔港和远洋渔业基地。养殖区和增殖区主要分布在黄海北部、长山群岛周边、辽东湾北部、冀东、黄河口至莱州湾、烟(台)威(海)近海、海州湾、江苏辐射沙洲、舟山群岛、闽浙沿海、粤东、粤西、北部湾、海南岛周边等海域;捕捞区主要有渤海、舟山、石岛、吕泗、闽东、闽外、闽中、闽南—台湾浅滩、珠江口、北部湾及东沙、西沙、中沙、南沙等渔场;水产种质资源保护区主要分布在双台子河口、莱州湾、黄河口、海州湾、乐清湾、官井洋、海陵湾、北部湾、东海陆架区、西沙附近等海域。

农业围垦要控制规模和用途,严格按照围填海计划和自然淤涨情况科学安排用海。渔港及远洋基地建设应合理布局,节约集约利用岸线和海域空间。确保传统养殖用海稳定,支持集约化海水养殖和现代化海洋牧场发展。加强海洋水产种质资源保护,严格控制重要水产种质资源产卵场、索饵场、越冬场及洄游通道内各类用海活动,禁止建闸、筑坝以及妨碍鱼类洄游的其他活动。防治海水养殖污染,防范外来物种侵害,保持海洋生态系统结构与功能的稳定。农业围垦区、渔业基础设施、养殖区、增殖区执行不劣于二类海水水质标准,渔港区执行不劣于现状的海水水质标准,捕捞、水产种质资源保护区执行不劣于一类海水水质标准。

第二节 港口航运区

港口航运区是指适于开发利用港口航运资源,可供港口、航道和锚地建设的海域,包括港口区、航道区和锚地区。

港口区主要包括大连港、营口港、秦皇岛港、唐山港、天津港、烟台港、青岛港、日照港、连云港港、南通港、上海港、宁波—舟山港、温州港、福州港、厦门港、汕头港、深圳港、广州港、珠海港、湛江港、海口港、北部湾港等;重要航运水道主要有渤海海峡(包括老铁山水道、长山水道等)、成山头附近海域、长江口、舟山群岛海域、台湾海峡、珠江口、琼州海峡等;锚地区主要分布在重点港口和重要航运水道周边邻近海域。

深化港口岸线资源整合,优化港口布局,合理控制港口建设规模和节奏,重点安排全国沿海主要港口的用海。堆场、码头等港口基础设施及临港配套设施建设用围填海应集约高效利用岸线和海域空间。维护沿海主要港口、航运水道和锚地水域功能,保障航运安全。港口的岸线利用、集疏运体系等要与临港城市的城市总体规划做好衔接。港口建设应减少对海洋水动力环境、岸滩及海底地形地貌的影响,防止海岸侵蚀。港口区执行不劣于四类海水水质标准。航道、锚地和邻近水生野生动植物保护区、水产种质资源保护区等海洋生态敏感区的港口区执行不劣于现状海水水质标准。

第三节　工业与城镇用海区

工业与城镇用海区是指适于发展临海工业与滨海城镇的海域,包括工业用海区和城镇用海区。

工业与城镇用海区主要分布在沿海大、中城市和重要港口毗邻海域。

工业和城镇建设围填海应做好与土地利用总体规划、城乡规划、河口防洪与综合整治规划等的衔接,突出节约集约用海原则,合理控制规模,优化空间布局,提高海域空间资源的整体使用效能。优先安排国家区域发展战略确定的建设用海,重点支持国家级综合配套改革试验区、经济技术开发区、高新技术产业开发区、循环经济示范区、保税港区等的用海需求。重点安排国家产业政策鼓励类产业用海,鼓励海水综合利用,严格限制高耗能、高污染和资源消耗型工业项目用海。在适宜的海域,采取离岸、人工岛式围填海,减少对海洋水动力环境、岸滩及海底地形地貌的影响,防止海岸侵蚀。工业用海区应落实环境保护措施,严格实行污水达标排放,避免工业生产造成海洋环境污染,新建核电站、石化等危险化学品项目应远离人口密集的城镇。城镇用海区应保障社会公益项目用海,维护公众亲海需求,加强自然岸线和海岸景观的保护,营造宜居的海岸生态环境。工业与城镇用海区执行不劣于三类海水水质标准。

第四节 矿产与能源区

矿产与能源区是指适于开发利用矿产资源与海上能源,可供油气和固体矿产等勘探、开采作业,以及盐田和可再生能源等开发利用的海域,包括油气区、固体矿产区、盐田区和可再生能源区。

油气区主要分布在渤海湾盆地(海上)、北黄海盆地、南黄海盆地、东海盆地、台西盆地、台西南盆地、珠江口盆地、琼东南盆地,莺歌海盆地、北部湾盆地、南海南部沉积盆地等油气资源富集的海域;盐田区主要为辽东湾、长芦、莱州湾、淮北等盐业产区;可再生能源区主要包括浙江、福建和广东等近海重点潮汐能区,福建、广东、海南和山东沿海的波浪能区,浙江舟山群岛(龟山水道)、辽宁大三山岛、福建崙山岛和海坛岛海域的潮流能区,西沙群岛附近海域的温差能区,以及海岸和近海风能分布区。

重点保障油气资源勘探开发的用海需求,支持海洋可再生能源开发利用。遵循深水远岸布局原则,科学论证与规划海上风电,促进海上风电与其他产业协调发展。禁止在海洋保护区、侵蚀岸段、防护林带毗邻海域开采海砂等固体矿产资源,防止海砂开采破坏重要水产种质资源产卵场、索饵场和越冬场。严格执行海洋油气勘探、开采中的环境管理要求,防范海上溢油等海洋环境突发污染事件。油气区执行不劣于现状海水水质标准,固体矿产区执行不劣于四类海水水质标准,盐田区和可再生能源区执行不劣于二类海水水质标准。

第五节 旅游休闲娱乐区

旅游休闲娱乐区是指适于开发利用滨海和海上旅游资源,可供旅游景区开发和海上文体娱乐活动场所建设的海域。包括风景旅游区和文体休闲娱乐区。

旅游休闲娱乐区主要为沿海国家级风景名胜区、国家级旅游度假区、国家5A级旅游景区、国家级地质公园、国家级森林公园等的毗邻海域及其他旅游资源丰富的海域。

旅游休闲娱乐区开发建设要合理控制规模,优化空间布局,有序利用海岸线、海湾、海岛等重要旅游资源;严格落实生态环境保护措施,保护海岸自然景观和沙滩资源,避免旅游活动对海洋生态环境造成影响。保障现有城市生活用海和旅游休闲娱乐区用海,禁止非公益性设施占用公共旅游资源。开展城镇周边海域海岸带整治修复,形成新的旅游休闲娱乐区。旅游休闲娱乐区执行不劣于二类海水水质标准。

第六节 海洋保护区

海洋保护区是指专供海洋资源、环境和生态保护的海域,包括海洋自然保护区、海洋特别保护区。

海洋保护区主要分布在鸭绿江口、辽东半岛西部、双台子河口、渤海湾、黄河口、山东半岛东部、苏北、长江口、杭州湾、舟山群岛、浙闽沿岸、珠江口、雷州半岛、北部湾、海南岛周边等邻近海域。

依据国家有关法律法规进一步加强现有海洋保护区管理,严格限制保护区内影响干扰保护对象的用海活动,维持、恢复、改善海洋生态环境和生物多样性,保护自然景观。加强海洋特别保护区管理。在海洋生物濒危、海洋生态系统典型、海洋地理条件特殊、海洋资源丰富的近海、远海和群岛海域,新建一批海洋自然保护区和海洋特别保护区,进一步增加海洋保护区面积。近期拟选划为海洋保护区的海域应禁止开发建设。逐步建立类型多样、布局合理、功能完善的海洋保护区网络体系,促进海洋生态保护与周边海域开发利用的协调发展。海洋自然保护区执行不劣于一类海水水质标准,海洋特别保护区执行各使用功能相应的海水水质标准。

第七节 特殊利用区

特殊利用区是指供其它特殊用途排他使用的海域。包括用于海底管线铺设、路桥建设、污水达标排放、倾倒等的特殊利用区。

在海底管线、跨海路桥和隧道用海范围内严禁建设其他永久性建筑物,从事各类海上活动必须保护好海底管线、道路桥梁和海底隧道。合理选划一批海洋倾倒区,重点保证国家大中型港口、河口航道建设和维护的疏浚物倾倒需要。对于污水达标排放和倾倒用海,要加强监测、监视和检查,防止对周边功能区环境质量产生影响。

第八节 保留区

保留区是指为保留海域后备空间资源,专门划定的在区划期限内限制开发的海域。保留区主要包括由于经济社会因素暂时尚未开发利用或不宜明确基本功能的海域,限于科技手段等因素目前难以利用或不能利用的海域,以及从长远发展角度应当予以保留的海域。

保留区应加强管理,严禁随意开发。确需改变海域自然属性进行开发利用的,应首先修改省级海洋功能区划,调整保留区的功能,并按程序报批。保留区执行不劣于现状海水水质标准。

第四章　海区主要功能

本次区划将我国管辖海域划分为渤海、黄海、东海、南海和台湾以东海域共5大海区,29个重点海域。

第一节　渤　海

渤海是半封闭性内海,大陆海岸线从老铁山角至蓬莱角,长约2700公里。沿海地区包括辽宁省(部分)、河北省、天津市和山东省(部分)。海域面积约7.7万平方公里。渤海是北方地区对外开放的海上门户和环渤海地区经济社会发展的重要支撑。海区开发利用强度大,环境污染和水生生物资源衰竭问题突出。

渤海海域实施最严格的围填海管理与控制政策,限制大规模围填海活动,降低环渤海区域经济增长对海域资源的过度消耗,节约集约利用海岸线和海域资源。实施最严格的环境保护政策,坚持陆海统筹、河海兼顾,有效控制陆海污染源,实施重点海域污染物排海总量控制制度,严格限制对渔业资源影响较大的涉渔用海工程的开工建设,修复渤海生态系统,逐步恢复双台子河口湿地生态功能,改善黄河、辽河等河口海域和近岸海域生态环境。严格控制新建高污染、高能耗、高生态风险和资源消耗型项目用海,加强海上油气勘探、开采的环境管理,防治海上溢油、赤潮等重大海洋环境灾害和突发事件,建立渤海海洋环境预警机制和突发事件应对机制。维护渤海海峡区域航运水道交通安全,开展渤海海峡跨海通道研究。

1. 辽东半岛西部海域

包括大连老铁山角至营口大清河口毗邻海域,主要功能为渔业、港口航运、工业与城镇用海和旅游休闲娱乐。旅顺西部至金州湾沿岸重点发展滨海旅游,适度发展城镇建设,加强海岸景观保护与建设,维护海岸生态和城镇宜居环境;普兰店湾重点发展滨海城镇建设,开展海湾综合整治,维护海湾生态环境;长兴岛重点发展港口航运和装备制造,节约集约利用海域和岸线资源;瓦房店北部至营口南部海域发展滨海旅游、渔业等产业,开展营口白沙湾沙滩等海域综合整治工程;仙人岛至大清河口海域保障港口航运用海,推动现代海洋产业升级。区域近海和岛屿周边海域加强斑海豹自然保护区等海洋保护区的建设与管理。

2. 辽河三角洲海域

包括营口大清河口至锦州小凌河口毗邻海域,主要功能为海洋保护、矿产与能源开发、渔业。双台子河、大凌河河口区域重点加强海洋保护区建设与管理,维护滩涂湿地自然生态系统,改善近岸海域水质、底质和生物环境质量,养护修复翅碱蓬湿地生态系统;辽东湾顶部按照生态环境优先原则,稳步推进油气资源勘探开发和配套海工装备制造,并协调好与保护区、渔业用海的关系;大辽河河口附近及其以东海域适度发展城镇和工业建设,完善海洋服务功能;凌海盘山浅海区域加强渔业资源养护与利用。区域实施污染物排海总量控制制度,改善海洋环境质量。

3. 辽西冀东海域

包括锦州小凌河口至唐山滦河口毗邻海域,主要功能为旅游休闲娱乐、海洋保护、工业与城镇用海。锦州白沙湾、葫芦岛龙湾至菊花岛、绥中西部、北戴河至昌黎海域重点发展滨海旅游,维护六股河、滦河等河口海域和典型砂质海岸区自然生态,严格限制建设用围填海,禁止近岸水下沙脊采砂,积极开展锦州大笔架山、绥中砂质海岸、北戴河重要沙滩、昌黎黄金海岸等的养护与修复。锦州湾、秦皇岛南部海域发展港口航运。兴城、山海关至昌黎新开口海域建设滨海城镇,防止城镇建设破坏海岸自然地貌,维护滨海浴场风景区海域环境质量安全。

4. 渤海湾海域

包括唐山滦河口至冀鲁海域分界毗邻海域,主要功能为港口航运、工业与城镇用海、矿产与能源开发。天津港、唐山港、黄骅港及周边海域重点发展港口航运。唐山曹妃甸新区、天津滨海新区、沧州渤海新区等区域集约发展临海工业与生态城镇。区域积极发展滩海油气资源勘探开发。加强临海工业与港口区海洋环境治理,维护天津古海岸湿地、大港滨海湿地、汉沽滨海湿地及浅海生态系统、黄骅古贝壳堤、唐山乐亭石臼坨诸岛等海洋保护区生态环境,积极推进各类海洋保护区规划与建设。稳定提高盐业、渔业等传统海洋资源利用效率。开展滩涂湿地生态系统整治修复,提高海岸景观质量和滨海城镇区生态宜居水平。区域实施污染物排海总量控制制度,改善海洋环境质量。

5. 黄河口与山东半岛西北部海域

包括冀鲁海域分界至蓬莱角毗邻海域,主要功能为海洋保护、农渔业、旅游休闲娱乐、工业与城镇用海。黄河口海域主要发展海洋保护和海洋渔业,加强以国家重要湿地、国家地质公园、海洋生物自然保护区、国家级海洋特别保护区、黄河入海口、水产种质资源保护区等为核心的海洋生态建设与保护,维护滨海湿地生态服务功能,保护古贝壳堤典型地质遗迹以及重要水产种质资源,维护生物多样性,促进生态环境改善,严格限制重化工业和高耗能、高污染的工业建设。黄河口至莱州湾海域集约开发滨州、东营、潍坊北部、莱州、龙口特色临港产业区,发展滨海旅游业,合理发展渔业、海水利用、海洋生物、风能等生态型海洋产业,加强水产种质资源保护,重点保护三山岛等海洋生物自然保护区。区域海洋开发应与黄河口地区防潮和防洪相协调;屺姆岛北部至蓬莱角及庙岛群岛海域重点发展滨海旅游、海洋渔业,加强庙岛群岛海洋生态系统保护,维护长山水道航运功能。开展黄河三角洲河口滨海湿地、莱州湾海域综合整治与修复。区域实施污染物排海总量控制制度,改善海洋环境质量。

6. 渤海中部海域

位于渤海中部,是我国重要的海洋矿产资源利用区域,主要功能为矿产与能源开发、渔业、港口航运。西南部、东北部海域重点发展油气资源勘探开发,协调好油气勘探、开采用海与航运用海之间的关系。区域积极探索风能、潮流能等可再生能源和海砂等矿产资源的调查、勘探与开发。合理利用渔业资源,开展重要渔业品种的增殖和恢复。加强海域生态环境质量监测,防治赤潮、溢油等海洋环境灾害和突发事件。

第二节 黄 海

黄海海岸线北起辽宁鸭绿江口,南至江苏启东角,大陆海岸线长约 4000 公里。沿海地区包括辽宁省(部分)、山东省(部分)和江苏省。黄海为半封闭的大陆架浅海,自然海域面积约 38 万平方公里。沿海优良基岩港湾众多,海岸地貌景观多样,沙滩绵长,是我国北方滨海旅游休闲与城镇宜居主要区域。淤涨型滩涂辽阔,海洋生态系统多样,生物区系独特,是国际优先保护的海洋生态区之一。

黄海海域要优化利用深水港湾资源,建设国际、国内航运交通枢纽,发挥成山头等重要水道功能,保障海洋交通安全。稳定近岸海域、长山群岛海域传统养殖用海面积,加强重要渔业资源养护,建设现代化海洋牧场,积极开展增殖放流,加强生态保护。合理规划江苏沿岸围垦用海,高效利用淤涨型滩涂资源。科学论证与规划海上风电布局。

7. 辽东半岛东部海域

包括丹东鸭绿江口至大连老铁山角毗邻海域,主要功能为渔业、旅游休闲娱乐、港口航运、工业与城镇用海和海洋保护。鸭绿江口至大洋河口、城山头、老铁山附近海域主要发展生态保护和滨海旅游,维护鸭绿江口与大洋河口滨海湿地生态系统;长山群岛海域主要发展海岛生态旅游和海洋牧场建设,维护海岛生态系统,协调旅游、渔业、海岛保护与基础设施建设用海关系;大连市南部海域主要发展滨海城镇建设和旅游,维护城山头、金石滩、小窑湾等大连南部基岩海岸景观生态,推动现代海洋服务产业升级;大连湾至大窑湾海域、大东港海域发展港口航运,保障海上交通和国防安全;大东港西部海域、庄河毗邻海域、花园口、大小窑湾、大连湾顶部重点发展滨海城镇和现代临港产业。加强近岸海域环境保护与治理,修复青堆子湾、老虎滩湾、大连湾等海湾系统。

8. 山东半岛东北部海域

包括蓬莱角至威海成山头毗邻海域,主要功能为渔业、港口航运、旅游休闲娱乐和海洋保护。蓬莱角至平畅河海域重点发展滨海旅游、海洋渔业;套子湾西北部、芝罘湾海域重点发展港口航运;烟台市区至成山头近岸海域主要发展滨海旅游与现代服务业。区域应协调海洋开发秩序,维护成山头水道、烟威近岸航路等港口航运功能。严格禁止近岸海砂开采和砂质海岸地区围填海活动。重点保护崆峒列岛、长岛、依岛、成山头、牟平砂质海岸、刘公岛等海洋生态系统。开展芝罘湾、威海湾、养马岛、金山港、双岛湾等海域综合整治。

9. 山东半岛南部海域

包括威海成山头至苏鲁海域分界毗邻海域,主要功能为海洋保护、旅游休闲娱乐、港口航运和工业与城镇用海。成山头至五垒岛湾海域主要发展海洋渔业,荣成近岸海域兼顾区域性港口建设和滨海旅游开发,适度发展临海工业;五垒岛湾至日照海域主要发展滨海旅游业,建设生态宜居型滨海城镇,禁止破坏旅游区内自然岩礁岸线、沙滩等海岸自然景观,加强潟湖、海湾等生态系统保护,加强胶州湾、千里岩岛等海洋生物自然保护区建设;青岛西南部、日照南部合理发展港口航运和临港工业。开展石岛湾、丁字湾、胶州湾等海湾综合整治。

10. 江苏沿岸海域

包括江苏省连云港、盐城和南通三市的毗邻海域,主要功能为海洋保护、港口航运、工业与城镇用海、农渔业、矿产与能源开发。海州湾和灌河口以北海域重点依托连云港发展港口航运业,集聚布局滨海工业、城镇用海区和旅游休闲娱乐区;灌河口至射阳河口海域主要发展海水养殖、港口和临港工业;射阳河口以南至启东角和辐射沙洲海域协调发展农渔业、港口航运、工业与城镇和可再生能源开发等。区域加强海域滩涂开发与管理,推进海州湾生态系统、盐城丹顶鹤、大丰麋鹿、蛎蚜山牡蛎礁、吕泗渔场水产种质资源等保护区建设与管理,实施射阳河口至东灶港口淤涨岸段、废黄河三角洲和东灶港口至蒿枝港口侵蚀岸段的海岸综合整治。区域实施污染物排海总量控制制度,改善海洋环境质量。

11. 黄海陆架海域

位于长山群岛以南、山东半岛和苏北海域外侧的陆架平原,为我国重要的海洋矿产与能源利用和海洋生态环境保护区域。本区应积极开展陆架盆地区油气资源的勘探开发和浅海陆架砂矿资源的调查与评估,合理开发渔业资源。积极推进黄海海洋生态系统的保护,加强对重要水产种质资源产卵场、索饵场、越冬场和洄游通道的保护,扩大对虾和洄游性鱼类的增殖放流规模。

第三节 东 海

东海海岸线北起江苏启东角,南至福建诏安铁炉港,大陆海岸线长约 5700 公里。沿海地区包括江苏省部分地区、上海市、浙江省和福建省。自然海域面积约77 万平方公里。东海面向太平洋,战略地位重要,海岸曲折,港湾、岛屿众多,沿岸径流发达,滨海湿地资源丰富,生态系统多样性显著,是我国海洋生产力最高的海域。

东海海域要充分发挥长江口和海峡西岸区域港湾、深水岸线、航道资源优势,重点发展国际化大型港口和临港产业,强化国际航运中心区位优势,保障海上交通安全。加强海湾、海岛及周边海域的保护,限制湾内填海和填海连岛。加强重要渔场和水产种质资源保护,发展远洋捕捞,促进渔业与海洋生态保护的协调发展。加强东海大陆架油气矿产资源的勘探开发。协调海底管线用海与航运、渔业等用海的关系,确保海底管线安全。

12. 长江三角洲及舟山群岛海域

包括长江口、杭州湾和舟山群岛毗邻海域,主要功能为港口航运、渔业、海洋保护和旅游休闲娱乐。长江口毗邻海域重点发展以上海港为核心的港口航运服务业及海洋先进制造业,加快培育海洋生物医药、新能源等战略性新兴产业,注重长江口航道维护,保障航运和防洪防潮安全,适度开展农业围垦,加强近岸海域与海岛毗邻海域围填海和采砂活动管理,协调港口航运、河道整治与其他海洋开发活动的关系。杭州湾、宁波—舟山海域重点发展港口航运业、临港工业、海洋旅游和海洋渔业,支持浙江舟山群岛新区建设,推进海岛开发开放,加强油气等矿产资源的勘探、开采。加强崇明东滩鸟类、九段沙湿地、长江口北支河口湿地、长江口中华鲟、杭州湾金山三岛、五峙山、韭山列岛、东海带鱼水产种质资源等保护区建设,保护河口、湿地、海湾、海岛和舟山渔场生态环境。开展重点受损近岸海域的整治与修复。区域实施污染物排海总量控制制度,改善海洋环境质量。

13. 浙中南海域

包括台州、温州毗邻海域,主要功能为渔业、港口航运、工业与城镇用海。台州湾至乐清湾海域主要发展港口航运和临港产业,适度进行滩涂围垦,建设滨海城镇,因地制宜开发海洋能,加强滨海湿地保护和南麂列岛、渔山列岛等保护区建设;瓯江口至浙闽交界海域主要发展港口航运业和海洋旅游业,适度进行滩涂围垦,建设工业和滨海城镇;洞头列岛海域重点做好海岛资源的保护与开发,积极发展具有海岛特色的滨海生态旅游和海洋渔业。区域海洋开发应注重维护近岸岛礁系统自然景观,严格限制沿海重要岛礁、海湾地区的围填海活动,保护鱼山渔场、温台渔场生态环境,恢复重要渔场生物资源和受损近岸岛礁生态系统。区域实施污染物排海总量控制制度,改善海洋环境质量。

14. 闽东海域

包括闽浙交界至福州黄岐半岛的毗邻海域,主要功能为海洋保护、工业与城镇用海和渔业。沙埕港至晴川湾海域主要发展渔业基础设施、工业与城镇,保护红树林生态系统和海洋珍稀水生生物,因地制宜开发海洋能;福宁湾海域主要发展渔业资源保护、海岛生态系统保护和滨海旅游等;三沙湾海域主要发展港口航运、临港工业和城镇、海水养殖、海洋保护等;罗源湾海域主要发展港口航运和临港工业。区内应严格控制海湾内围填海,节约集约用海,注重对海岛、红树林生态系统和重要水产种质资源的保护。

15. 闽中海域

包括福州黄岐半岛至湄洲湾南岸毗邻海域,主要功能为工业与城镇用海、渔业和海洋保护。黄岐半岛到海坛岛海域主要发展港口航运、工业与城镇、海水养殖、海洋保护区建设,因地制宜开发海洋能,保护和修复闽江口滨海湿地生态系统、长乐海蚌资源、平潭中国鲎自然生态系统和山洲岛厚壳贻贝繁育区生态系统;湄洲湾、兴化湾海域主要发展港口航运和临港工业,合理开发港口岸线资源,保护重要渔业资源,加强湄洲岛海岛生态系统和滨海旅游资源的保护。

16. 闽南海域

包括湄洲湾南岸至闽粤海域分界的毗邻海域,主要功能为港口航运、旅游休闲娱乐、渔业、工业与城镇用海。泉州湾海域主要以港口航运、海洋保护、旅游和渔业基础设施建设为主,重点保护泉州湾河口湿地;厦门湾及毗邻海域主要发展港口航运、滨海旅游、工业与城镇和保护区建设等,以沿海重要港湾为依托,重点发展临港工业集中区,支持海峡西岸城市群发展,以厦门市为核心,积极发展滨海旅游和文化旅游,重点保护厦门海洋珍稀物种、九龙江口红树林等重要海洋生态系统;厦门湾以南至闽粤交界海域主要发展海洋渔业、临港工业、海洋旅游业、保护区建设等,以菜屿列岛、东山岛为核心大力发展海岛特色旅游业,重点保护漳江口红树林、东山珊瑚礁等重要海洋生态系统。区域实施污染物排海总量控制制度,改善海洋环境质量。

17. 东海陆架海域

包括上海、浙江、福建以东专属经济区和大陆架海域,为我国重要的海洋矿产与能源利用和海洋渔业资源利用区域。区域重点加强油气资源和浅海砂矿资源勘探开发,建设东海油气资源开采基地,加强传统渔业资源区的恢复与合理利用,重点加强上升流区、鱼类产卵场、索饵场等重要海洋生态系统保护与管理。加强海洋环境监测,防治溢油等海洋环境灾害和突发事件发生。维护重要国际航运水道和海底管线设施安全。

18. 台湾海峡海域(略)

第四节　南　海

南海大陆海岸线北起福建诏安铁炉港,南至广西北仑河口,大陆海岸线长5800多公里。沿海地区包括广东、广西和海南三省。自然海域面积约350万平方公里。南海具有丰富的海洋油气矿产资源、滨海和海岛旅游资源、海洋能资源、港口航运资源、独特的热带亚热带生物资源,同时也是我国最重要的海岛和珊瑚礁、红树林、海草床等热带生态系统分布区。南海北部沿岸海域,特别是河口、海湾海域,是传统经济鱼类的重要产卵场和索饵场。

南海海域要加强海洋资源保护,严格控制北部沿岸海域特别是河口、海湾海域围填海规模,加快以海岛和珊瑚礁为保护对象的保护区建设,加强水生野生动物保护区和水产种质资源保护区建设。加强重要海岛基础设施建设,推进南海渔业发展,开发旅游资源。开展海洋生物、油气矿产资源调查和深海科学技术研究,推进南海海洋资源的开发和利用。开展琼州海峡跨海通道研究。

19. 粤东海域

包括汕头、潮州、揭阳、汕尾等市毗邻海域,主要功能为海洋保护、渔业、工业与城镇用海、港口航运。大埕湾至柘林湾重点发展渔业、港口航运,保护大埕湾中华白海豚和西施舌种质资源及海洋生态系统;南澳海域重点发展生态旅游和养殖、清洁能源等产业,保护性发展海山岛、南澳岛旅游,维护海岛自然属性,保护南澎列岛、勒门列岛及周边海域的生物多样性,保护南澎列岛领海基点;南澳至广澳湾重点发展工业与城镇、港口航运、渔业和旅游休闲娱乐,重点保护海岸红树林、中国龙虾和中华白海豚,维持牛田洋、濠江等海域的水动力条件和防洪纳潮能力;海门湾至神泉港重点发展渔业、港口航运、工业与城镇,重点保护石碑山角领海基点和沿海礁盘生态系统;碣石湾至红海湾重点发展渔业、海洋保护、港口航运,保护碣石湾海马资源,严格保护沿海礁盘生态系统和遮浪南汇聚流海洋生态系统,维持海洋生态环境和生物多样性。

20. 珠江三角洲海域

包括广州、深圳、珠海、惠州、东莞、中山、江门毗邻海域,主要功能为港口航运、工业与城镇用海、海洋保护、渔业和旅游休闲娱乐。大亚湾至大鹏湾重点发展海洋保护、港口航运、旅游休闲娱乐,重点保护红树林、珊瑚礁及海龟等生物资源,保护针头岩领海基点;狮子洋至伶仃洋重点发展港口航运、工业与城镇、旅游休闲娱乐,重点保护中华白海豚、黄唇鱼和红树林等生物资源,狮子洋两岸严格控制填海造地,保障防洪泄洪和航道安全;万山群岛重点发展海洋保护、旅游休闲娱乐、港口航运、渔业,重点保护佳蓬列岛领海基点,以及珊瑚礁和上升流生态系统;磨刀门至镇海湾重点发展港口航运、工业与城镇、渔业、旅游休闲娱乐,重点安排横琴总体发展规划用海;珠江口外重点开展油气和矿产资源的勘探开发,保护围夹岛和大帆石领海基点,保护中华白海豚等生物资源及红树林和海草床等生态系统。区域加强对海岸、海湾及周边海域的整治修复。区域实施污染物排海总量控制制度,改善海洋环境质量。

21. 粤西海域

包括阳江、茂名、湛江毗邻海域,主要功能为海洋保护、渔业、港口航运。海陵湾重点发展渔业、港口航运,保障临海工业用海需求,重点保护海陵岛、南鹏列岛海草床等海洋生态系统,保护大树岛龙虾种质资源;博贺湾至水东湾重点发展渔业、港口航运,围绕博贺中心渔港发展现代化渔业产业基地,重点保护沿海礁盘生态系统和红树林,保护大放鸡岛海域文昌鱼自然资源;水东湾至湛江湾重点发展港口航运、渔业和海洋保护,重点支持湛江主枢纽港及临海产业的综合发展,保护东海岛附近海域海草床生态系统,保护吴阳文昌鱼种质资源和湛江硇洲岛海洋资源,开展特呈岛周边海域红树林湿地生态系统的修复;雷州湾至英罗港重点发展海洋保护、渔业和港口航运,保障渔业用海发展,重点保护和修复红树林、珊瑚礁、海草床等生态系统,保护中华白海豚、白蝶贝、儒艮等生物资源。区域实施污染物排海总量控制制度,改善海洋环境质量。

22. 桂东海域

包括桂粤交界至大风江毗邻海域以及涠洲岛—斜阳岛周边海域,主要功能为港口航运、旅游休闲娱乐、海洋保护和渔业。铁山港湾海域重点发展港口航运、临海工业,保护山口红树林和合浦儒艮生态系统及马氏珠母贝、方格星虫等重要水产种质资源;北海近岸海域重点发展旅游休闲娱乐,保障现有渔港和渔业基地发展用海需求,开展银滩及其毗邻海域综合整治,保护大珠母贝等生物资源;廉州湾近岸海域重点发展工业与城镇、滨海旅游和港口航运,加强渔业资源高效利用;涠洲岛－斜阳岛海域重点保护珊瑚礁生态系统,发展海岛旅游、港口航运以及油气资源勘探开发和渔业资源开发,开展海域海岸带整治修复。区域实施污染物排海总量控制制度,改善海洋环境质量。

23. 桂西海域

包括大风江至中越边界毗邻海域,主要功能为海洋保护、渔业、工业与城镇用海。大风江海域重点保护红树林生态系统,推进渔业资源的综合利用;三娘湾海域重点发展旅游休闲娱乐,保护中华白海豚;茅尾海海域重点保护海洋生态和近江牡蛎水产种质资源,保障滨海新区建设,开展茅尾海海域综合整治;钦州湾外湾与防城港海域重点发展港口航运和工业与城镇用海,开展防城港湾海域综合整治;江山半岛南部海域重点发展旅游休闲娱乐;珍珠湾—北仑河口海域重点发展海洋渔业与滨海旅游,保护红树林生态系统以及泥蚶、文蛤等重要水产种质资源,开展京族三岛和北仑河口东北岸的综合整治。

24. 海南岛东北部海域

包括海口市、临高县、澄迈县、文昌市、琼海市和万宁市毗邻海域,主要功能为港口航运、旅游休闲娱乐、渔业。海口、文昌、澄迈、临高海域主要发展港口航运和滨海旅游,加快发展新兴临港海洋产业,优化传统海洋渔业,控制潟湖港湾养殖规模,严格限制潟湖港湾及河口区域围海造地,保护东寨港红树林生态系统和临高白蝶贝和珊瑚生物资源;琼海、万宁海域主要发展滨海旅游、农渔业和海洋保护,重点做好以博鳌为中心的滨海旅游业和相关产业综合开发,发展生态渔业和远洋渔业,加强潭门渔港远洋渔业基地建设,加强琼海麒麟菜、文昌麒麟菜、清澜港红树林和大洲岛生态系统保护。

25. 海南岛西南部海域

包括陵水县、三亚市、乐东县、东方市、昌江县、儋州市毗邻海域,主要功能为旅游休闲娱乐、渔业、海洋保护、矿产与能源开发。三亚、陵水和乐东海域主要发展滨海旅游和生态保护,优先安排海南国际旅游岛发展用海,打造世界级热带滨海旅游城市,带动周边旅游产业发展。保护三亚红树林、珊瑚礁、海草床等海洋生态系统;东方、昌江、儋州海域主要发展港口航运与渔业,重点发展洋浦港、八所港临港产业,积极开展莺歌海和北部湾海域油气资源勘探开发,推进海洋牧场建设,发展远洋捕捞,保护东方黑脸琵鹭和儋州红树林生态系统以及白蝶贝等生物资源。区域应协调旅游用海与渔业生产布局,加速传统海洋产业升级与改造,建设一批高标准海岛旅游、渔业、交通基础设施,提升海洋服务功能。

26. 南海北部海域

位于广东、广西、海南毗邻海域以南,至北纬 18 度附近的海域,水深 100 米 ~ 1000 米,是我国重要的油气资源分布区。区域主要功能为矿产与能源开发、渔业、海洋保护,区域重点加强珠江口盆地、琼东南盆地、莺歌海盆地、北部湾盆地油气资源勘探开发,加强渔业资源利用和养护,加强水产种质资源保护区建设,保护重要海洋生态系统和海域生态环境。

27. 南海中部海域

南海中部海域是我国重要的传统渔业资源利用区,珊瑚礁、海草床生态系统发育。区域重点加强渔业资源利用和养护、油气资源的勘探开发,加强水产种质资源保护区建设,开展海岛旅游、交通、渔业等基础设施建设,开发建设永兴岛 – 七连屿珊瑚礁旅游区,合理开发海岛旅游资源,加强海岛、珊瑚礁、海草床等生态系统保护,建设西沙群岛珊瑚礁自然保护区。

28. 南海南部海域

南部海域重点开展海洋渔业资源利用和养护,扶持发展热带岛礁渔业养殖,加强珍稀濒危野生动植物自然保护区和水产种质资源保护区建设,保护珊瑚礁等海岛生态系统。

第五节　台湾以东海域

29. 台湾以东海域(略)

第五章　实施保障措施

海洋功能区划是合理开发利用海洋资源、有效保护海洋生态环境的法定依据,必须严格执行。各有关部门和沿海县级以上地方人民政府要按照《区划》的要求,完善海洋功能区划体系,调整完善现行海洋开发利用和海洋环境保护政策及相关规划,建立健全保障海洋功能区划实施的法律法规、管理制度、体制机制、技术支撑和跟踪评价制度,依法建立覆盖全部管辖海域的海洋综合管控体系,对海洋开发利用和海洋环境保护情况进行实时监视监测、分析评价和监督检查,确保《区划》目标的实现。

第一节　发挥区划的整体性、基础性和约束性作用

——强化海洋功能区划自上而下的控制性作用。依据《区划》,编制省级海洋

功能区划,划定海岸和近海基本功能区。依据省级海洋功能区划,开展新一轮市县级海洋功能区划编制工作,市县级海洋功能区划的功能分区和管理要求必须与省级海洋功能区划保持一致。编制、修改和上报各级海洋功能区划,应征求有关部门和军事机关的意见。建立区划编制和执行过程中的公众参与制度,提高海洋功能区划的科学化和民主化水平。国家海洋局要加强对海洋功能区划编制工作的指导和监督,财政部门要积极支持海洋功能区划工作。

——加强海洋功能区划实施的部门协调。海洋功能区划是编制各级各类涉海规划的基本依据,是制定海洋开发利用与环境保护政策的基本平台。国务院有关部门和沿海县级以上地方人民政府制定涉海发展战略和产业政策、编制涉海规划时,应当征求海洋行政主管部门意见。渔业、盐业、交通、旅游、可再生能源、海底电缆管道等行业规划涉及海域使用的,应当符合海洋功能区划;沿海土地利用总体规划、城乡规划、港口规划涉及海域使用的,应当与海洋功能区划相衔接。

——从严控制海洋功能区划的修改。省级海洋功能区划批准实施两年后,因公共利益、国防安全或者进行大型能源、交通等基础设施建设,经国务院批准的区域规划、产业规划或政策性文件等确定的重大建设项目,海域资源环境发生重大变化,确需修改省级海洋功能区划的,由省级人民政府提出修改方案,报国务院批准。严禁通过修改市县级海洋功能区划,对省级海洋功能区划确定的功能区范围做出调整。

——编制实施海洋综合规划和专项规划。依据《区划》编制全国海洋环境保护规划、全国海岛保护规划、专属经济区和大陆架及其他管辖海域的开发保护规划。

第二节　全面提高海域使用管理水平

——审批项目用海,必须以海洋功能区划为依据。不断完善以海洋功能区划为基础的功能管制制度,切实提高海洋功能区划的权威性和约束性,严禁不按海洋功能区划审批项目用海。省级海洋功能区划是县级以上各级人民政府审批项目用海的主要依据,任何单位和个人不得违反。海洋行政主管部门在审查项目用海时,应当征求有关部门和单位的意见。涉及军事用海的,必须征求有关军事机关的意见。

——严格执行建设项目用海预审制度。涉海建设项目在向审批、核准部门申报项目可行性研究报告或项目申请报告前,应向海洋行政主管部门提出海域使用申请。海洋行政主管部门主要依据海洋功能区划、海域使用论证报告、专家评审意见及项目用海的审核程序进行预审,并出具用海预审意见。用海预审意见是审批建设项目可行性研究报告或核准项目申请报告的必要文件,凡未通过用海预审的涉海建设项目,各级投资主管部门不予审批、核准。

　　——实施差别化的海域供给政策。重点安排国家产业政策鼓励类产业、战略性新兴产业和社会公益项目用海。制定各类建设项目用海控制标准,适时调整海域使用金征收标准,促进节约集约使用海域资源。加强对海岸线的管理,将占用海岸线长度作为项目用海审查的重点内容。

　　——完善海域权属管理制度。按照《物权法》和《海域使用管理法》的规定,建立海域使用权登记岗位责任制,规范海域使用权登记管理。加强海域使用权的审批工作,完善海域使用金的征收使用和管理制度。推进海域使用权招标、拍卖和挂牌出让工作,充分发挥市场在海域资源配置中的基础性作用。规范海域使用权转让、出租、抵押行为,建立海域价值评估制度,积极培育海域使用权市场,总结经验,出台相关政策。

第三节　创新和加强围填海管理

　　——科学编制全国围填海计划。围填海计划是国民经济和社会发展计划的重要组成部分,是政府履行宏观调控、经济调节、公共服务职责的重要依据。国家海洋局要根据围填海资源现状和年度需求,按照适度从紧、集约利用、保护生态、海陆统筹的原则,经综合平衡后形成全国围填海计划草案,征求有关部门意见后按程序纳入国民经济和社会发展年度计划。

　　——严格执行围填海计划。围填海计划指标实行指令性管理,不得擅自突破。建立围填海计划台账管理制度,对围填海计划指标使用情况进行及时登记和统计。加强围填海计划执行情况的评估和考核,对地方围填海实际面积超过当年下达计划指标的,暂停该省(区、市)围填海项目的受理和审查工作,并严格按照"超一扣五"原则扣减下一年度指标。

　　——加强对集中连片围填海的管理。对于连片开发、需要整体围填用于建设或农业开发的海域,省级海洋行政主管部门要指导市、县级人民政府组织编制区域用海规划,经省级人民政府审核同意后,报国家海洋局审批。区域用海规划应当依据海洋功能区划编制。要加强区域用海整体规划、整体论证、整体审批和整体围填海管理。

——严格依照法定权限审批围填海项目。围填海项目的审批权在国务院和沿海各省、自治区、直辖市人民政府,各省、自治区、直辖市不得违反法律和国务院的规定下放围填海项目审批权。要提高办事效率,加强围填海项目用海审批管理,规范围填海项目海域使用论证和环境影响评价工作。严禁规避法定审批权限,将单个建设项目用海化整为零、拆分审批。

——加强对围填海项目选址、平面设计的审查。禁止在经济生物的自然产卵场、繁殖场、索饵场和鸟类栖息地进行围填海活动。引导围填海向离岸、人工岛式发展,限制顺岸式围填海,严格控制内湾和重点滨海湿地围填海。围填海项目尽量不占用、少占用岸线,保护自然岸线,延长人工岸线,保留公共通道,打造亲水岸线。建设项目同时涉及占用陆域和海域的,国土资源主管部门和海洋主管部门应相互征求意见,核定用地和用海规模。加强围填海动态监测,完善竣工验收制度,严格禁止违法违规围填海。探索建立闲置海域使用权收回制度。

第四节　强化海洋环境保护和生态建设

——坚持陆海统筹的发展理念,切实发挥海洋功能区划在海洋开发活动的控制作用,限制高耗能、高污染、资源消耗型产业在沿海布局,禁止利用新建项目使污染物排放转嫁进入海洋。结合近岸海域污染状况和海域环境容量,实施主要污染物排海总量控制制度,制定减排方案并监督实施。排污口的设置应满足海洋功能区环境保护要求。

——各类海洋功能区应按照国家相关标准,明确海洋环境保护要求和具体管理措施,严格执行海洋功能区环境质量标准。定期开展海洋功能区环境质量调查、监测和评价,各类用海活动必须严格执行规定的海洋功能区划环境保护要求。加强海洋开发项目的全过程环境保护监管和海洋环境执法,完善海洋工程实时监控系统,建立健全用海工程项目施工与运营期的跟踪监测和后评估制度。加强海洋环境风险管理,完善海洋环境突发事件应急机制,加强赤潮、绿潮、海上溢油、核泄漏等海洋环境灾害和突发事件的监测监视、预测预警和鉴定溯源能力建设。

——大力推进海洋保护区网络建设,实施海洋保护区规范化建设和管理,海洋保护区周边的海洋开发活动不得影响保护区环境质量和保护区的完整性。在海洋生态受损严重区域组织实施海洋生态修复工程,开展滨海湿地固碳示范区建设和海洋生态文明示范区建设试点,提升海域生态服务价值和经济效益。

——切实保护海洋水生生物资源,保护渔业可持续发展。对沿岸海域科学规划、合理布局,切实做好重要渔业水域、水产种质资源保护区、水生野生动植物保护区的管理和保护,严格限制对海洋水生生物资源影响较大用海工程的规划和审批。尽可能减少涉渔工程对渔业的影响,保护重要水产种质资源,维护海洋水生生物多样性,促进渔业经济全面可持续健康发展。

第五节　加强区划实施的基础建设

——推进海域管理科技创新与队伍建设。加强海域管理与海洋功能区划的理论、方法和技术手段研究,加强海域管理专业教育和继续教育,促进海域管理学科发展。建立健全完善的海域管理科技标准体系,制定或修订海洋功能区划有关技术方面的国家标准和行业标准。建立海域管理国际合作交流平台,借鉴国外海洋管理和海洋空间规划的先进经验和方式。

——完善海域管理从业人员上岗认证和机构资质认证制度,切实提高海域管理技术和管理人才的专业素养。提高海域使用论证及资质管理的水平,重点对改变海域自然属性、对海洋资源和生态环境影响大的用海活动进行严格把关。海域使用论证过程要公开透明,充分征求社会公众意见。

——开展海域海岸带综合整治。根据海洋功能区划确定的目标,制定和实施海域海岸带整治修复计划,在重要海湾、河口、旅游区及大中城市毗邻海域全面开展整治修复工程。中央和地方海域使用金收入要专项支持开展海域海岸带综合整治修复工作。

第六节　建立覆盖全部管辖海域的动态监管体系

——全面推进国家、省、市、县四级海域动态监视监测体系建设。利用卫星遥感、航空遥感、远程监控、现场监测等手段,对我国管辖海域实施全覆盖、立体化、高精度监视监测,实时掌握海岸线、海湾、海岛及近海、远海的资源环境变化和开发利用情况。建立海洋功能区划和围填海计划实施监测制度,完善建设项目用海实时监控系统,重点对围填海项目进行监视监测和分析评价。有关部门和沿海地方县级以上人民政府要加大对海域动态监管体系的支持力度。

——加强海洋行政执法和监督检查。加快推进海洋综合执法基地建设,通过日常监管和执法检查,整顿和规范海域使用管理秩序。对未经批准非法占有海域,无权批准、越权批准或者不按海洋功能区划批准使用海域,擅自改变海域用途等违法行为的,坚决予以查处。依托海域动态监管系统,逐步实现从现场检查、实地取证为主转为遥感监测、远程取证为主,从人工分析、事后处理为主转为计算机分析、主动预警为主,提高发现违法违规开发问题的反应能力及精确度。建立健全海洋开发利用违法举报制度,广泛实行信息公开,加强社会监督和舆论监督。

——加大对我国管辖海域开展巡航监视力度。深化全海域定期维权巡航执法,重点加强对敏感目标、重点海域的巡航监视,有效监管各种海洋涉外活动。组织开展专项维权执法行动,定期检查海洋油气资源勘探开发、海底光缆和油气管道作业活动,及时发现和制止各种海洋侵权行为,保障海上通道安全,维护我国海洋权益。

第七节　完善保障区划实施的法律制度和体制机制

——按照全面推进依法行政、建设法治政府的要求,抓紧制定和修订相关法律法规,为海洋功能区划的实施提供更加完备、有效的法制保障。适时启动《海域使用管理法》修订工作,制定军事用海管理、围填海管理、海上人工构筑物管理等法规,探索建立专属经济区、大陆架及其他海域用海活动管理制度。

——沿海县级以上地方人民政府要高度重视海洋功能区划的编制和实施工作,要把海域管理和海洋环境保护工作放在突出位置,列入重要议事日程,明确目标任务,完善政策措施。加强海洋管理队伍建设,严格实行行政责任追究制度。

——加强海洋意识宣传,为实施海洋功能区划营造良好的社会环境。各地区、各有关部门要深入持久地开展海洋法律法规的宣传教育活动,深刻认识我国海洋的重要地位和加强海洋管理工作的必要性和紧迫性。各级领导干部应当带头学习海洋知识,关心海洋事务,尊重海洋规律,切实研究和解决海洋发展面临的新情况、新问题,牢固树立依据海洋功能区划开发和保护海洋的自觉性。新闻媒体应当发挥好舆论的信息、教育和监督作用,以多种方式普及宣传海洋知识,在全社会形成关注海洋、热爱海洋、保护海洋和合理开发利用海洋的良好氛围。

附录3：

全国海洋主体功能区规划

海洋是国家战略资源的重要基地。提高海洋资源开发能力，发展海洋经济，保护海洋生态环境，维护国家海洋权益，对于实施海洋强国战略、扩大对外开放、推进生态文明建设、促进经济持续健康发展，对于实现"两个一百年"奋斗目标和中华民族伟大复兴中国梦具有十分重要的意义。为进一步优化海洋空间开发格局，编制本规划。

本规划是《全国主体功能区规划》的重要组成部分，是推进形成海洋主体功能区布局的基本依据，是海洋空间开发的基础性和约束性规划。规划范围为我国内水和领海、专属经济区和大陆架及其他管辖海域（不包括港澳台地区）。

一、规划背景

（一）海洋自然状况。

自然地理。我国由北向南依次濒临渤海、黄海、东海和南海，拥有大陆岸线1.8万多公里，有辽东、山东、雷州三个半岛，渤海、琼州、台湾三个海峡，以及17条主要入海河流和众多港湾；拥有面积大于500平方米的海岛7300多个，其中有居民海岛400多个，总体呈无人岛多、有人岛少、近岸岛多、远岸岛少、南方岛多、北方岛少的特点。我国海岛生物种类繁多，具有相对独立的生态系统和特殊生境。

自然资源。我国拥有海洋生物2万多种，其中海洋鱼类3000多种；海洋石油和天然气资源量分别约240亿吨和16万亿立方米，滨海砂矿资源储量超过30亿吨，海洋可再生能源理论蕴藏量6.3亿千瓦，自然深水岸线400多公里，深水港址60多处，滩涂面积3.8万平方公里。

自然环境。我国海域自北向南纵跨温带、亚热带和热带三个气候带，南北温差冬季约为30℃，夏季约为4℃；年降水量500—3000毫米。我国海域季风特征显著，热带气旋影响大。海水表层水温年均11℃—27℃，渤海和黄海北部沿岸冬季海面有结冰。沿海潮汐类型复杂，潮差变化显著。近岸海域潮流状况复杂多变。

生态系统。我国拥有世界海洋大部分生态系统类型，包括入海河口、滨海湿地、珊瑚礁、红树林、海草床等浅海生态系统以及岛屿生态系统，具有各异的环境特征和生物群落。

自然灾害。我国海洋灾害种类多，包括海啸、风暴潮、海浪、海冰、赤潮、绿潮，以及海平面上升、海水入侵、土壤盐渍化和咸潮入侵等。2011年以来，我国共发生风暴潮、海浪、海冰等海洋灾害470多次，平均每年有7个热带气旋登陆，直接经济损失约130亿元。

（二）问题和挑战。当前和今后一个时期，是我国全面建成小康社会的关键时期，也是建设海洋强国的重要阶段。随着用海规模扩大和用海强度提高，在满足工业化、城镇化快速发展对海洋空间需求的同时，保障海洋空间安全面临诸多问题和严峻挑战。

开发方式粗放。海洋产业以资源开发和初级产品生产为主，产品附加值较低，结构低质化、布局趋同化问题突出。近岸海域围填海规模较大，2002年至2014年，围填海造地确权面积达1339平方公里。

开发不平衡。海洋开发活动集中在近岸海域，可利用岸线、滩涂空间和浅海生物资源日趋减少，近海大部分经济鱼类已不能形成鱼汛，近岸过度开发问题突出。深远海开发不足问题需要重视。

环境污染问题突出。入海河流污染物排放总量大，近岸海域水质恶化趋势没有得到遏制，局部海域污染严重，主要分布在辽东湾、渤海湾、胶州湾、长江口、杭州湾、闽江口、珠江口及部分大中城市近岸海域。

生态系统受损较重。受全球气候变化、不合理开发活动等影响，近岸海域生态功能有所退化，生物多样性降低，海水富营养化问题突出，赤潮等海洋生态灾害频发，一些典型海洋生态系统受损严重，部分岛屿特殊生境难以维系。

资源供给面临挑战。随着沿海地区经济社会的快速发展，生产、生活、生态用海需求日趋多样化，对传统海洋资源供给方式提出新的挑战。

二、总体要求

（一）指导思想。全面贯彻党的十八大和十八届二中、三中、四中全会精神，按照党中央、国务院决策部署，遵循自然规律，根据不同海域资源环境承载能力、现有开发强度和发展潜力，合理确定不同海域主体功能，科学谋划海洋开发，调整开发内容，规范开发秩序，提高开发能力和效率，着力推动海洋开发方式向循环利用型转变，实现可持续开发利用，构建陆海协调、人海和谐的海洋空间开发格局。

（二）基本原则。

陆海统筹。统筹海洋空间格局与陆域发展布局，统筹沿海地区经济社会发展与海洋空间开发利用，统筹陆源污染防治与海洋生态环境保护和修复。

尊重自然。树立敬畏海洋、保护海洋理念，把海洋生态文明建设放在更加突出的位置，把开发活动严格限制在海洋资源环境承载能力范围内，维护好海域、海岛、海岸线自然状况，保护好海洋生物多样性。

优化结构。按照经济发展、生态良好、安全保障的基本要求，加快转变海洋经济发展方式，优化海洋经济布局和产业结构。控制近岸海域开发强度和规模，推动深远海适度开发。

集约开发。提高海洋空间利用效率，把握开发时序，统筹城镇发展和基础设施、临海工业区建设等开发活动，严格用海标准，控制用海规模。对区位优势明显、资源富集等发展条件较好的地区，突出重点，实施点状开发。

（三）功能分区。海洋主体功能区按开发内容可分为产业与城镇建设、农渔业生产、生态环境服务三种功能。依据主体功能，将海洋空间划分为以下四类区域：

优化开发区域，是指现有开发利用强度较高，资源环境约束较强，产业结构亟须调整和优化的海域。

重点开发区域，是指在沿海经济社会发展中具有重要地位，发展潜力较大，资源环境承载能力较强，可以进行高强度集中开发的海域。

限制开发区域，是指以提供海洋水产品为主要功能的海域，包括用于保护海洋渔业资源和海洋生态功能的海域。

禁止开发区域，是指对维护海洋生物多样性，保护典型海洋生态系统具有重要作用的海域，包括海洋自然保护区、领海基点所在岛屿等。

（四）主要目标。根据到2020年主体功能区布局基本形成的总体要求，规划的主要目标是：

海洋空间利用格局清晰合理。坚持点上开发、面上保护，形成"一带九区多点"海洋开发格局、"一带一链多点"海洋生态安全格局、以传统渔场和海水养殖区等为主体的海洋水产品保障格局、储近用远的海洋油气资源开发格局。

海洋空间利用效率提高。沿海产业与城镇建设用海集约化程度、海域利用立体化和多元化程度、港口利用效率等明显提高，海洋水产品养殖单产水平稳步提升，单位岸线和单位海域面积产业增加值大幅增长。

海洋可持续发展能力提升。海洋生态系统健康状况得到改善，海洋生态服务功能得到增强，大陆自然岸线保有率不低于35%，海洋保护区占管辖海域面积比重增加到5%，沿海岸线受损生态得到修复与整治。入海主要污染物总量得到有效控制，近岸海域水质总体保持稳定。海洋灾害预警预报和防灾减灾能力明显提升，应对气候变化能力进一步增强。

三、内水和领海主体功能区

我国已明确公布的内水和领海面积38万平方公里，是海洋开发活动的核心区域，也是坚持陆海统筹、实现人口资源环境协调发展的关键区域。

（一）优化开发区域。包括渤海湾、长江口及其两翼、珠江口及其两翼、北部湾、海峡西部以及辽东半岛、山东半岛、苏北、海南岛附近海域。

该区域的发展方向与开发原则是，优化近岸海域空间布局，合理调整海域开发规模和时序，控制开发强度，严格实施围填海总量控制制度；推动海洋传统产业技术改造和优化升级，大力发展海洋高技术产业，积极发展现代海洋服务业，推动海洋产业结构向高端、高效、高附加值转变；推进海洋经济绿色发展，提高产业准入门槛，积极开发利用海洋可再生能源，增强海洋碳汇功能；严格控制陆源污染物排放，加强重点河口海湾污染整治和生态修复，规范入海排污口设置；有效保护自然岸线和典型海洋生态系统，提高海洋生态服务功能。

辽东半岛海域。包括辽宁省丹东市、大连市、营口市、盘锦市、锦州市、葫芦岛市毗邻海域。加快建设大连东北亚国际航运中心，优化整合港口资源，打造现代化港口集群。开展渔业资源增殖放流和健康养殖，加强辽河口、大连湾、锦州湾等海域污染防治,强化陆源污染综合整治。

渤海湾海域。包括河北省秦皇岛市、唐山市、沧州市和天津市毗邻海域。优化港口功能与布局,推动天津北方国际航运中心建设。积极推进工厂化循环水养殖和集约化养殖。加快海水综合利用、海洋精细化工业等产业发展,控制重化工业规模。保护水产种质资源,开展海岸生态修复和防护林体系建设。加强海洋环境突发事件监视监测和海洋灾害应急处置体系建设,强化石油勘探开发区域监测与评价,提高溢油事故应急能力。

山东半岛海域。包括山东省滨州市、东营市、潍坊市、烟台市、威海市、青岛市、日照市毗邻海域。强化沿海港口协调互动,培育现代化港口集群。加快发展海洋新兴产业。建设具有国际竞争力的滨海旅游目的地。开展现代渔业示范建设。推进莱州湾、胶州湾等海湾污染治理和生态环境修复。有效防范赤潮、绿潮等海洋灾害对海洋环境的危害。

苏北海域。包括江苏省连云港市、盐城市毗邻海域。有序推进连云港港口建设,提升沿海港口服务功能。统筹规划海上风电建设。以海州湾、苏北浅滩为重点,扩大海洋牧场规模,发展工厂化、集约化生态养殖。加快建设滨海湿地海洋特别保护区,建成我国东部沿海重要的湿地生态旅游目的地。

长江口及其两翼海域。包括江苏省南通市、上海市和浙江省嘉兴市、杭州市、绍兴市、宁波市、舟山市、台州市毗邻海域。整合长三角港口资源,推动港口功能调整升级,发展现代航运服务体系,提高上海国际航运中心整体水平。发展生态养殖和都市休闲渔业。控制临港重化工业规模。严格落实长江经济带及长江流域相关生态环境保护规划,加大长江中下游水环境治理力度。加强杭州湾、长江口等海域污染综合治理和生态保护。严格海洋倾废、船舶排污监管,加强海洋环境监测,完善台风、风暴潮等海洋灾害预报预警和防御决策系统。

海峡西部海域。包括浙江省温州市和福建省宁德市、福州市、莆田市、泉州市、厦门市、漳州市毗邻海域。推进形成海峡西岸现代化港口群。发挥海峡海湾优势,建设两岸渔业交流合作基地。突出海洋生态和海洋文化特色,扩大两岸旅游双向对接。加强沿海防护林工程建设,构建沿岸河口、海湾、海岛等生态系统与海洋自然保护区条块交错的生态格局。完善海洋灾害预报预警和防御决策系统。

珠江口及其两翼海域。包括广东省汕头市、潮州市、揭阳市、汕尾市、广州市、深圳市、珠海市、惠州市、东莞市、中山市、江门市、阳江市、茂名市、湛江市(滘尾角以东)毗邻海域。构建布局合理、优势互补、协调发展的珠三角现代化港口群。发展高端旅游产业,加强粤港澳邮轮航线合作。加快发展深水网箱养殖,加强渔业资源养护及生态环境修复。严格控制入海污染物排放,实施区域污染联防机制。加强海洋生物多样性保护,完善伏季休渔和禁渔期、禁渔区制度。健全海洋环境污染事故应急响应机制。

北部湾海域。包括广东省湛江市(滘尾角以西)和广西壮族自治区北海市、钦州市、防城港市毗邻海域。构建西南现代化港口群。积极推广生态养殖,严格控制近海捕捞强度,合理开发渔业资源。依托民俗文化特色,发展具有热带气候、沙滩海岛、边关风貌和民族风情的特色旅游。推动近岸海域污染防治,强化船舶污染治理。加强珍稀濒危物种、水产种质资源及沿海红树林、海草床、河口、海湾、滨海湿地等保护。

海南岛海域。包括海南岛周边及三沙海域。加大渔业结构调整力度,实施捕养结合,加快海洋牧场建设。加强海洋水产种质资源保存和选育。有序推进海岛旅游观光,提高休闲旅游服务水平。完善港口功能与布局。严格直排污染源环境监测和入海排污口监管。加强红树林、珊瑚礁、海草床等保护。

(二)重点开发区域。包括城镇建设用海区、港口和临港产业用海区、海洋工程和资源开发区。

该区域的发展方向与开发原则是,实施据点式集约开发,严格控制开发活动规模和范围,形成现代海洋产业集群;实施围填海总量控制,科学选择围填海位置和方式,严格围填海监管;统筹规划港口、桥梁、隧道及其配套设施等海洋工程建设,形成陆海协调、安全高效的基础设施网络;加强对重大海洋工程特别是围填海项目的环境影响评价,对临港工业集中区和重大海洋工程施工过程实施严格的环境监控。加强海洋防灾减灾能力建设。

城镇建设用海区,是指拓展滨海城市发展空间,可供城市发展和建设的海域。城镇建设用海应符合海洋功能区划、防洪规划和城市总体规划等,坚持节约集约用海原则,提高海域使用效能和协调性,增强海洋生态环境服务功能,提高滨海城市堤防建设标准,做好海洋防灾减灾工作。

港口和临港产业用海区,是指港口建设和临港产业拓展所需海域。港口和临港产业用海应满足国家区域发展战略要求,合理布局,促进临港产业集聚发展。控制建设规模,防止低水平重复建设和产业结构趋同化。严格环境准入,禁止占用和影响周边海域旅游景区、自然保护区、河口行洪区和防洪保留区等。

海洋工程和资源开发区,是指国家批准建设的跨海桥梁、海底隧道等重大基础设施以及海洋能源、矿产资源勘探开发利用所需海域。海洋工程建设和资源勘探开发应认真做好海域使用论证和环境影响评价,减少对周围海域生态系统的影响,避免发生重大环境污染事件。支持海洋可再生能源开发与建设,因地制宜科学开发海上风能。

(三)限制开发区域。包括海洋渔业保障区、海洋特别保护区和海岛及其周边海域。

该区域的发展方向与开发原则是,实施分类管理,在海洋渔业保障区,实施禁渔区、休渔期管制,加强水产种质资源保护,禁止开展对海洋经济生物繁殖生长有较大影响的开发活动;在海洋特别保护区,严格限制不符合保护目标的开发活动,不得擅自改变海岸、海底地形地貌及其他自然生态环境状况;在海岛及其周边海域,禁止以建设实体坝方式连接岛礁,严格限制无居民海岛开发和改变海岛自然岸线的行为,禁止在无居民海岛弃置或者向其周边海域倾倒废水和固体废物。

海洋渔业保障区。包括传统渔场、海水养殖区和水产种质资源保护区。我国沿海有传统渔场52个,覆盖我国管辖海域的绝大部分。海水养殖区主要分布在近岸海域,面积约2.31万平方公里。我国现有海洋国家级水产种质资源保护区51个,面积7.4万平方公里。在传统渔场,要继续实行捕捞渔船数量和功率总量控制制度,严格执行伏季休渔制度,调整捕捞作业结构,促进渔业资源逐步恢复和合理利用;加强重要渔业资源保护,开展增殖放流,改善渔业资源结构。在海水养殖区,要推广健康养殖模式,推进标准化建设;发展设施渔业,拓展深水养殖,推进以海洋牧场建设为主要形式的区域综合开发。加强水产种质资源保护区建设和管理,在种质资源主要生长繁殖区,划定一定面积海域及其毗邻岛礁,用于保障种质资源繁殖生长,提高种群数量和质量。

海洋特别保护区。我国现有国家级海洋特别保护区23个,总面积约2859平方公里。加强海洋特别保护区建设和管理,严格控制开发规模和强度,集约利用海洋资源,保持海洋生态系统完整性,提高生态服务功能。在重要河口区域,禁止采挖海砂、围填海等破坏河口生态功能的开发活动;在重要滨海湿地区域,禁止开展围填海、城市建设开发等改变海域自然属性、破坏湿地生态系统功能的开发活动;在重要砂质岸线,禁止开展可能改变或影响沙滩自然属性的开发建设活动,岸线向海一侧3.5公里范围内禁止开展采挖海砂、围填海、倾倒废物等可能引发沙滩蚀退的开发活动;在重要渔业海域,禁止开展围填海及可能截断洄游通道等开发活动。适度发展渔业和旅游业。

海岛及其周边海域。加强交通通信、电力供给、人畜饮水、污水处理等设施建设,支持可再生能源、海水淡化、雨水集蓄和再生水回用等技术应用,改善居民基本生产、生活条件,提高基础教育、公共卫生、劳动就业、社会保障等公共服务能力。发展海岛特色经济,合理调整产业发展规模,支持渔业产业调整和结构优化,因地制宜发展生态旅游、生态养殖、休闲渔业等。保护海岛生态系统,维护海岛及其周边海域生态平衡。对开发利用程度较高、生态环境遭受破坏的海岛,实施生态修复。适度控制海岛居住人口规模,对发展成本高、生存环境差的边远海岛居民实施易地安置。加强对建有导航、观测等公益性设施海岛的保护和管理。充分利用现有科技资源,在具有科研价值的海岛建立试验基地。从事科研活动,不得对海岛及其周边海域生态环境造成损害。

(四)禁止开发区域。包括各级各类海洋自然保护区、领海基点所在岛礁等。该区域的管制原则是,对海洋自然保护区依法实行强制性保护,实施分类管理;对领海基点所在地实施严格保护,任何单位和个人不得破坏或擅自移动领海基点标志。

海洋自然保护区。我国现有国家级海洋自然保护区34个,总面积约1.94万平方公里。在保护区核心区和缓冲区内不得开展任何与保护无关的工程建设活动,海洋基础设施建设原则上不得穿越保护区,涉及保护区的航道、管线和桥梁等基础设施经严格论证并批准后方可实施。在保护区内开展科学研究,要合理选择考察线路。对具有特殊保护价值的海岛、海域等,要依法设立海洋自然保护区或扩大现有保护区面积。

领海基点所在岛礁。我国已公布94个领海基点。领海基点在有居民海岛的,应根据需要划定保护范围;领海基点在无居民海岛的,应实施全岛保护。禁止在领海基点保护范围内从事任何改变该区域地形地貌的活动。

四、专属经济区和大陆架及其他管辖海域主体功能区

我国专属经济区和大陆架及其他管辖海域划分为重点开发区域和限制开发区域。

（一）重点开发区域。包括资源勘探开发区、重点边远岛礁及其周边海域。该区域的开发原则是，加快推进资源勘探与评估，加强深海开采技术研发和成套装备能力建设；以海洋科研调查、绿色养殖、生态旅游等开发活动为先导，有序适度推进边远岛礁开发。

资源勘探开发区。选择油气资源开采前景较好的海域，稳妥开展勘探、开采工作。加快开发研制深海及远程开采储运成套装备。加强天然气水合物等矿产资源调查评价、勘探开发科研工作。

重点边远岛礁及周边海域。加快码头、通信、可再生能源、海水淡化、雨水集聚、污水处理等设施建设。开展深海、绿色、高效养殖，建立海洋渔业综合保障基地。根据岛礁自然特点，开辟特色旅游路线，发展生态旅游、探险旅游、休闲渔业等旅游业态。加强海洋科学实验、气象观测、灾害预警预报等活动，建设观测、导航等设施。

（二）限制开发区域。包括除重点开发区域以外的其他海域。该区域的开发原则是，适度开展渔业捕捞，保护海洋生态环境。

在黄海、东海专属经济区和大陆架海域加快恢复渔业资源。在南海海域适度发展捕捞业，鼓励和支持我国渔民在传统渔区的生产活动。加强对经济鱼类产卵场、索饵场、越冬场和洄游区域的保护，加强西沙群岛水产种质资源保护区管理。适时建立各类保护区，维护海洋生物多样性和生态系统完整性。

五、保障措施

（一）政策保障。按照海洋主体功能分区实施差别化政策，完善海洋主体功能区政策支撑体系，采用指导性、支持性和约束性政策并行的方式，形成适用于海洋主体功能定位与发展方向的利益导向机制，加强部门和地区间协调，确保政策有效落实。

财税政策。加大对海域海岛整治、保护和管理的财政投入，对资金使用实施

严格监督和审计。按照基本公共服务均等化要求,加强对边远海岛地区的财政转移支付,重点向劳动就业、社会保障、医疗卫生、环境保护、基础教育、职业教育等领域倾斜。加大对深远海油气资源勘探的扶持力度,在专属经济区和大陆架开采油气的企业可按国家规定享受有关税收优惠政策。对渔民养殖用海,按规定减免海域使用金。对符合条件的渔民转产就业、最低生活保障、渔业互助保险以及增殖放流、海洋牧场建设等给予重点支持。

投资政策。加强海洋监测、观测等能力建设,提高海洋立体观测能力。加大渔业公益和基础设施投入,支持渔港、水产种质资源保护区建设以及增殖放流、人工鱼礁建设等渔业资源修复活动。加大海堤、海岸防护林等建设投入。强化海洋灾害应急和防御能力,督促相关企业加强重大生产安全事故应急和防范能力建设。加大海洋科技投入,推进海洋科技创新创业基地建设。继续支持海洋类高等学校、职业学校和相关学科、专业、重点实验室建设,加快培养海洋复合型人才。

产业政策。严格控制高耗能、高污染项目建设,避免低水平重复建设,促进临海产业合理布局。鼓励引导社会资本合理开发海洋资源。科学发展海水养殖,推广海水生态健康养殖模式,鼓励有条件的企业拓展离岸养殖和集约化养殖,支持远洋渔业发展。支持深远海油气资源勘探开发,加强深水核心技术装备研发及配套能力建设。支持海水淡化和综合利用、海洋药物与生物制品、海洋工程装备制造、海洋可再生能源等产业发展。积极培育海洋主题公园、海岛旅游等新兴旅游业态,重点发展休闲渔业、海上运动休闲旅游等项目。

海域政策。根据海洋主体功能区功能定位,完善海域管理政策措施。严格落实海洋功能区划,加强围填海总量控制和计划管理。加强用海项目环境影响评价制度、海域使用论证制度和海域有偿使用制度实施情况监督。制定用海工程和围填海建设标准,明确海拔高度、污染排放、防灾减灾等要求,对用海项目建设实行全过程监管。科学划定海水增养殖区域,控制近海养殖密度。严格控制河口行洪区、重点增养殖区域建设用海。沿海地区或海岛大规模风能建设要充分考虑对相关海域影响。

环境政策。以改善海洋环境质量、提升海洋生态服务功能为目标,实施分类管理。实施最严格的源头保护制度,落实环境影响评价制度,未依法进行环境影响评价的开发利用规划不得组织实施、建设项目不得开发建设。严格执行海洋伏季休渔制度,控制近海捕捞强度,减少渔船数量和功率总量。加强物种保护,新建一批水生生物自然保护区和水产种质资源保护区。制定海洋生态损害赔偿和损失补偿相关规定。完善海洋生态环境监管和执法机制,加强海洋突发环境事件应急管理。严格实施《水污染防治行动计划》及相关污染防治规划,加强近岸海域环境保护,制定实施近岸海域污染防治方案,建立水污染防治联动协作机制,探索建立陆海统筹的海洋生态环境保护修复机制。

(二)规划实施与绩效评价。沿海省级人民政府负责规划实施,编制省级海洋主体功能区规划,依法开展规划环境影响评价,加强对沿海市、县级人民政府的指导协调。国务院各有关部门要落实财税、投资、产业、海域和环境等政策,制定实施细则和具体措施。发展改革委要做好规划实施的监督指导,会同海洋局加快监测评估系统建设,对各类海洋主体功能区的功能定位、发展方向、开发和管制原则等落实情况进行全面监测分析。海洋局要会同有关部门对规划编制、政策制定、实施效果进行评价分析,定期形成评估报告并按程序向国务院报告。

附件:1. 我国传统渔场

2. 海洋国家级水产种质资源保护区

3. 国家级海洋特别保护区

4. 我国已公布的领海基点

附件1

我国传统渔场

序号	渔场名称	序号	渔场名称
1	辽东湾渔场	27	闽中渔场
2	滦河口渔场	28	台北渔场
3	渤海湾渔场	29	台东渔场
4	莱州湾渔场	30	闽南渔场
5	海洋岛渔场	31	台湾浅滩渔场
6	烟威渔场	32	粤东渔场
7	威东渔场	33	台湾南部渔场
8	石东渔场	34	东沙渔场
9	石岛渔场	35	珠江口渔场
10	连青石渔场	36	粤西及海南岛东北部渔场
11	青海渔场	37	中沙东部渔场
12	海州湾渔场	38	海南岛东南部渔场
13	连东渔场	39	北部湾北部渔场
14	吕四渔场	40	北部湾南部及海南岛西南部渔场
15	大沙渔场	41	西沙西部渔场
16	沙外渔场	42	西、中沙渔场
17	长江口渔场	43	南沙西北部渔场
18	江外渔场	44	南沙西部渔场
19	舟山渔场	45	南沙中西部渔场
20	舟外渔场	46	南沙中部渔场
21	鱼外渔场	47	南沙中北部渔场
22	鱼山渔场	48	南沙东部渔场
23	温台渔场	49	南沙东北部渔场
24	温外渔场	50	南沙中南部渔场
25	闽外渔场	51	南沙西南部渔场
26	闽东渔场	52	南沙南部渔场

附件2

海洋国家级水产种质资源保护区

序号	保护区名称	所在地区
1	三山岛海域国家级水产种质资源保护区	辽宁省
2	双台子河口海蜇中华绒螯蟹国家级水产种质资源保护区	辽宁省
3	海洋岛国家级水产种质资源保护区	辽宁省
4	大连圆岛海域国家级水产种质资源保护区	辽宁省
5	大连獐子岛海域国家级水产种质资源保护区	辽宁省
6	秦皇岛海域国家级水产种质资源保护区	河北省
7	昌黎海域国家级水产种质资源保护区	河北省
8	南戴河海域国家级水产种质资源保护区	河北省
9	山海关海域国家级水产种质资源保护区	河北省
10	月湖长蛸国家级水产种质资源保护区	山东省
11	崆峒列岛刺参国家级水产种质资源保护区	山东省
12	长岛皱纹盘鲍光棘球海胆国家级水产种质资源保护区	山东省
13	海州湾大竹蛏国家级水产种质资源保护区	山东省
14	莱州湾单环刺螠近江牡蛎国家级水产种质资源保护区	山东省
15	靖海湾松江鲈鱼国家级水产种质资源保护区	山东省
16	马颊河文蛤国家级水产种质资源保护区	山东省
17	蓬莱牙鲆黄盖鲽国家级水产种质资源保护区	山东省
18	黄河口半滑舌鳎国家级水产种质资源保护区	山东省
19	灵山岛皱纹盘鲍刺参国家级水产种质资源保护区	山东省
20	靖子湾国家级水产种质资源保护区	山东省
21	乳山湾国家级水产种质资源保护区	山东省
22	前三岛海域国家级水产种质资源保护区	山东省
23	小石岛刺参国家级水产种质资源保护区	山东省
24	桑沟湾国家级水产种质资源保护区	山东省
25	荣成湾国家级水产种质资源保护区	山东省
26	套尔河口海域国家级水产种质资源保护区	山东省

续表

序号	保护区名称	所在地区
27	千里岩海域国家级水产种质资源保护区	山东省
28	日照海域西施舌国家级水产种质资源保护区	山东省
29	广饶海域竹蛏国家级水产种质资源保护区	山东省
30	黄河口文蛤国家级水产种质资源保护区	山东省
31	长岛许氏平鲉国家级水产种质资源保护区	山东省
32	荣成楮岛藻类国家级水产种质资源保护区	山东省
33	日照中国对虾国家级水产种质资源保护区	山东省
34	无棣中国毛虾国家级水产种质资源保护区	山东省
35	海州湾中国对虾国家级水产种质资源保护区	江苏省
36	蒋家沙竹根沙泥螺文蛤国家级水产种质资源保护区	江苏省
37	如东大竹蛏西施舌国家级水产种质资源保护区	江苏省
38	乐清湾泥蚶国家级水产种质资源保护区	浙江省
39	象山港蓝点马鲛国家级水产种质资源保护区	浙江省
40	官井洋大黄鱼国家级水产种质资源保护区	福建省
41	漳港西施舌国家级水产种质资源保护区	福建省
42	上下川岛中国龙虾国家级水产种质资源保护区	广东省
43	海陵湾近江牡蛎国家级水产种质资源保护区	广东省
44	鉴江口尖紫蛤国家级水产种质资源保护区	广东省
45	汕尾碣石湾鲷鱼长毛对虾国家级水产种质资源保护区	广东省
46	西沙东岛海域国家级水产种质资源保护区	海南省
47	西沙群岛永乐环礁海域国家级水产种质资源保护区	海南省
48	辽东湾渤海湾莱州湾国家级水产种质资源保护区	渤海
49	东海带鱼国家级水产种质资源保护区	东海
50	吕四渔场小黄鱼银鲳国家级水产种质资源保护区	东海
51	北部湾二长棘鲷长毛对虾国家级水产种质资源保护区	南海

附件3

国家级海洋特别保护区

序号	名称	面积（平方公里）
1	锦州大笔架山国家级海洋特别保护区	32.40
2	大神堂牡蛎礁国家级海洋特别保护区	34.00
3	东营黄河口生态国家级海洋特别保护区	926.00
4	东营利津底栖鱼类生态国家级海洋特别保护区	94.04
5	东营河口浅海贝类生态国家级海洋特别保护区	396.23
6	东营莱州湾蛏类生态国家级海洋特别保护区	210.24
7	东营广饶沙蚕类生态国家级海洋特别保护区	82.82
8	龙口黄水河口海洋生态国家级海洋特别保护区	21.69
9	烟台芝罘岛群国家级海洋特别保护区	5.27
10	莱阳五龙河口滨海湿地国家级海洋特别保护区	12.19
11	海阳万米海滩海洋资源国家级海洋特别保护区	15.13
12	烟台牟平沙质海岸国家级海洋特别保护区	14.65
13	莱州浅滩海洋生态国家级海洋特别保护区	67.80
14	蓬莱登州浅滩海洋生态国家级海洋特别保护区	18.71
15	昌邑海洋生态国家级海洋特别保护区	29.29
16	威海刘公岛海洋生态国家级海洋特别保护区	11.88
17	山东威海小石岛国家级海洋特别保护区	30.69
18	乳山市塔岛湾海洋生态国家级海洋特别保护区	10.97
19	文登海洋生态国家级海洋特别保护区	5.19
20	渔山列岛国家级海洋特别保护区	57.00
21	乐清市西门岛国家级海洋特别保护区	30.80
22	嵊泗马鞍列岛国家级海洋特别保护区	549.00
23	普陀中街山列岛国家级海洋特别保护区	202.90

附件4

我国已公布的领海基点

序号	领海基点名称	地理位置
1	山东高角(1)	北纬37°24.0′ 东经122°42.3′
2	山东高角(2)	北纬37°23.7′ 东经122°42.3′
3	镆岛(1)	北纬36°57.8′ 东经122°34.2′
4	镆岛(2)	北纬36°55.1′ 东经122°32.7′
5	镆岛(3)	北纬36°53.7′ 东经122°31.1′
6	苏山岛	北纬36°44.8′ 东经122°15.8′
7	朝连岛	北纬35°53.6′ 东经120°53.1′
8	达山岛	北纬35°00.2′ 东经119°54.2′
9	麻菜珩	北纬33°21.8′ 东经121°20.8′
10	外磕脚	北纬33°00.9′ 东经121°38.4′
11	佘山岛	北纬31°25.3′ 东经122°14.6′
12	海礁	北纬30°44.1′ 东经123°09.4′
13	东南礁	北纬30°43.5′ 东经123°09.7′
14	两兄弟屿	北纬30°10.1′ 东经122°56.7′
15	渔山列岛	北纬28°53.3′ 东经122°16.5′
16	台州列岛(1)	北纬28°23.9′ 东经121°55.0′
17	台州列岛(2)	北纬28°23.5′ 东经121°54.7′
18	稻挑山	北纬27°27.9′ 东经121°07.8′
19	东引岛	北纬26°22.6′ 东经120°30.4′
20	东沙岛	北纬26°09.4′ 东经120°24.3′
21	牛山岛	北纬25°25.8′ 东经119°56.3′
22	乌丘屿	北纬24°58.6′ 东经119°28.7′
23	东碇岛	北纬24°09.7′ 东经118°14.2′
24	大柑山	北纬23°31.9′ 东经117°41.3′
25	南澎列岛(1)	北纬23°12.9′ 东经117°14.9′
26	南澎列岛(2)	北纬23°12.3′ 东经117°13.9′

序号	领海基点名称	地理位置
27	石碑山角	北纬22°56.1′ 东经116°29.7′
28	针头岩	北纬22°18.9′ 东经115°07.5′
29	佳蓬列岛	北纬21°48.5′ 东经113°58.0′
30	围夹岛	北纬21°34.1′ 东经112°47.9′
31	大帆石	北纬21°27.7′ 东经112°21.5′
32	七洲列岛	北纬19°58.5′ 东经111°16.4′
33	双帆	北纬19°53.0′ 东经111°12.8′
34	大洲岛(1)	北纬18°39.7′ 东经110°29.6′
35	大洲岛(2)	北纬18°39.4′ 东经110°29.1′
36	双帆石	北纬18°26.1′ 东经110°08.4′
37	陵水角	北纬18°23.0′ 东经110°03.0′
38	东洲(1)	北纬18°11.0′ 东经109°42.1′
39	东洲(2)	北纬18°11.0′ 东经109°41.8′
40	锦母角	北纬18°09.5′ 东经109°34.4′
41	深石礁	北纬18°14.6′ 东经109°07.6′
42	西鼓岛	北纬18°19.3′ 东经108°57.1′
43	莺歌嘴(1)	北纬18°30.2′ 东经108°41.3′
44	莺歌嘴(2)	北纬18°30.4′ 东经108°41.1′
45	莺歌嘴(3)	北纬18°31.0′ 东经108°40.6′
46	莺歌嘴(4)	北纬18°31.1′ 东经108°40.5′
47	感恩角	北纬18°50.5′ 东经108°37.3′
48	四更沙角	北纬19°11.6′ 东经108°36.0′
49	峻壁角	北纬19°21.1′ 东经108°38.6′
50	东岛(1)	北纬16°40.5′ 东经112°44.2′
51	东岛(2)	北纬16°40.1′ 东经112°44.5′
52	东岛(3)	北纬16°39.8′ 东经112°44.7′
53	浪花礁(1)	北纬16°04.4′ 东经112°35.8′

续表

序号	领海基点名称	地理位置
54	浪花礁（2）	北纬 16°01.9′ 东经 112°32.7′
55	浪花礁（3）	北纬 16°01.5′ 东经 112°31.8′
56	浪花礁（4）	北纬 16°01.0′ 东经 112°29.8′
57	中建岛（1）	北纬 15°46.5′ 东经 111°12.6′
58	中建岛（2）	北纬 15°46.4′ 东经 111°12.1′
59	中建岛（3）	北纬 15°46.4′ 东经 111°11.8′
60	中建岛（4）	北纬 15°46.5′ 东经 111°11.6′
61	中建岛（5）	北纬 15°46.7′ 东经 111°11.4′
62	中建岛（6）	北纬 15°46.9′ 东经 111°11.3′
63	中建岛（7）	北纬 15°47.2′ 东经 111°11.4′
64	北礁（1）	北纬 17°04.9′ 东经 111°26.9′
65	北礁（2）	北纬 17°05.4′ 东经 111°26.9′
66	北礁（3）	北纬 17°05.7′ 东经 111°27.2′
67	北礁（4）	北纬 17°06.0′ 东经 111°27.8′
68	北礁（5）	北纬 17°06.5′ 东经 111°29.2′
69	北礁（6）	北纬 17°07.0′ 东经 111°31.0′
70	北礁（7）	北纬 17°07.1′ 东经 111°31.6′
71	北礁（8）	北纬 17°06.9′ 东经 111°32.0′
72	赵述岛（1）	北纬 16°59.9′ 东经 112°14.7′
73	赵述岛（2）	北纬 16°59.7′ 东经 112°15.6′
74	赵述岛（3）	北纬 16°59.4′ 东经 112°16.6′
75	北岛	北纬 16°58.4′ 东经 112°18.3′
76	中岛	北纬 16°57.6′ 东经 112°19.6′
77	南岛	北纬 16°56.9′ 东经 112°20.5′
78	钓鱼岛1	北纬 25°44.1′ 东经 123°27.5′
79	钓鱼岛2	北纬 25°44.2′ 东经 123°27.4′
80	钓鱼岛3	北纬 25°44.4′ 东经 123°27.4′

序号	领海基点名称	地理位置
81	钓鱼岛 4	北纬 25°44.7′ 东经 123°27.5′
82	海豚岛	北纬 25°55.8′ 东经 123°40.7′
83	下虎牙岛	北纬 25°55.8′ 东经 123°41.1′
84	海星岛	北纬 25°55.6′ 东经 123°41.3′
85	黄尾屿	北纬 25°55.4′ 东经 123°41.4′
86	海龟岛	北纬 25°55.3′ 东经 123°41.4′
87	长龙岛	北纬 25°43.2′ 东经 123°33.4′
88	南小岛	北纬 25°43.2′ 东经 123°33.2′
89	鲳鱼岛	北纬 25°44.0′ 东经 123°27.6′
90	赤尾屿	北纬 25°55.3′ 东经 124°33.7′
91	望赤岛	北纬 25°55.2′ 东经 124°33.2′
92	小赤尾岛	北纬 25°55.3′ 东经 124°33.3′
93	赤背北岛	北纬 25°55.5′ 东经 124°33.5′
94	赤背东岛	北纬 25°55.5′ 东经 124°33.7′

后 记

本书是在本人博士毕业论文基础上整理完善而成的。在中国海洋大学管理学院攻读农业经济管理博士期间，得到了导师王淼教授的悉心指导，从选题到研究思路的形成，整个研究过程凝聚着导师的智慧和心血。

在职攻读博士学位期间，能够师从导师王淼教授，是我的荣幸。回想四年多读博的时光，导师王淼教授犹如一盏明灯，一直在照亮我前行的道路。在学术上，她酷似严父，严格要求，一丝不苟。当我懈怠时，她会随时提醒，惊醒沉睡的我，让我看到前方霓虹在闪烁；当我心存侥幸时，她会义正词严，告诫我学术上来不得半点马虎。在博士论文的选题、框架结构、资料收集和成稿过程中，王淼教授均给予我精心的指导和无私的帮助。在生活中，她宛若慈母，时刻关心我的工作和成长，传递给我战胜困难的决心和意志。人们常说：一位好导师会影响学生一辈子。我相信，正是王淼教授这种严谨的学术作风、乐观的人生态度、豁达的人格魅力，终将使我受用一生。在此向她表示衷心的感谢！

感恩我的家人尤其是我的父母给予我的莫大支持，犹如温馨的港湾，为我提供了充足的后勤保障和精神慰藉，让我无任何后顾之忧。他们时常会回忆起我五岁时就嚷着要读博士的"豪言"，和我一起品味实现儿时梦想的喜悦；而大多数时间，他们会帮我承担起照看年幼孩子的责任和繁重的家务，年复一年、日复一日地默默守候着我读书直到深夜的背影。大恩不言谢，我将以更加出色的成绩来回报他们。

最后，我向支持本书出版的李昌奎先生及人民日报出版社表示由衷的感谢！

许多帮助过我的亲人、朋友未能一一提及，在此一并深表谢意！

谨以此拙作献给我爱的和爱我的人！

赵琪

2017 年 9 月于山东青岛